⊙ 傅诚德 主编

科学方法论及典型应用案例

Principles of
Scientific Methods
& Typical Applications

石油工业出版社

内容提要

本书简要介绍了经典科学方法论的发展历程，从古代的"整体论"、近代的"还原论"，到现代的"系统论"，阐明科学方法论是以思维科学为基础的正确的哲学方法；结合中外科学家的典型应用案例，重点介绍了七种科学研究方法；给出了33位事业有成的石油科学家和研究者不同侧面的研究方法成功案例，最后着重介绍了苏义脑院士的"32字创新方法"和"技术创新"的47例，对启发科学思维、发挥创新能力具有借鉴意义。

本书可供广大石油科研人员和管理人员阅读参考，也可作为各单位方法论培训的教材。

图书在版编目（CIP）数据

科学方法论及典型应用案例／傅诚德主编．—北京：石油工业出版社，2017.3
ISBN 978-7-5183-1804-9

Ⅰ.①科… Ⅱ.①傅… Ⅲ.①科学方法论 Ⅳ.① G304

中国版本图书馆 CIP 数据核字（2017）第 032036 号

出版发行：石油工业出版社
（北京安定门外安华里2区1号 100011）
网　　址：www.petropub.com
编辑部：(010)64523583　图书营销中心：(010)64523633
经　　销：全国新华书店
印　　刷：北京中石油彩色印刷有限责任公司

2017年3月第1版　2017年3月第1次印刷
787×1092毫米　开本：1/16　印张：15.5
字数：220千字

定价：75.00元
（如出现印装质量问题，我社图书营销中心负责调换）
版权所有，翻印必究

◎方法掌握着研究的命运。方法是最主要和最基本的东西，有了良好的方法，即使没有多大才干的人也能做出许多成就。如果方法不好，即使有天才的人也将一事无成。

—— 达尔文（C. Darwin）

◎科学是随着研究方法所获得的成就而前进的。研究方法每前进一步，我们就提高一步。因此我们头等重要的任务是制订方法。

—— 巴甫洛夫（I.P. Pavlov）

◎如果在实践中有可能通过研究方法的指导来缩短科学工作者不出成果的学习阶段，那么，不仅可以节省训练的时间，而且科学家做出的成果也会比用较慢方法培养出来的科学家多得多。

—— 贝弗里奇（W.I.B. Beveridge）

◎认识一种天才的研究方法，对于科学的进步并不比发现本身更少用处，科学研究的方法经常是极富兴趣的部分。

—— 拉普拉斯（P.S. Laplace）

◎良好的方法能使我们更好地发挥运用天赋的才能，而拙劣的方法可能阻碍才能的发展。

—— 贝尔纳（C. Bernard）

◎具有丰富知识和经验的人，比只有一种知识和经验的人更容易产生新的联想和独到的见解。

—— 泰勒（E.L. Taylor）

前言

改革开放以来，我国的石油工业实施自主创新与引进、消化、吸收相结合的创新战略，迅速提升了自身的科学技术水平，促进了石油工业的快速发展，取得了十分可喜的成就。我参与或主持编制了原石油工业部和中国石油1980—2020年8个五年科技发展计划，并对改革开放40年的科技成果做了比较系统的跟踪分析和总结，清楚地看到，40年来我们的科学技术研究水平和管理体制有了显著的提高和长足的进步，同时也显露出在某些方面特别是我们的科学研究方法尚有不足和缺陷，严重制约了队伍的创新能力和研发效果。

自2009年开始，我结合石油科技的特点，对科学方法论进行探索、归纳和总结，同时广泛联系石油行业重大科技成果的创新者和创新团队，试图以他们的创新成果从"方法论"层面凝练、提升，以示读者。七年来，几经商议、修改和组稿，至2016年6月，完成初稿，32位案例提供者都是国家级科技奖励的获得者，或具有丰富理论实践的专家和科学家，相信他们的"方法论"生动案例定会对"技术创新必须方法先行"做出深刻的诠释。

本书分为三部分。第一部分介绍了科学方法论的发展历程、科学精神和科学方法的哲学基础以及七种科学研究方法；第二部分为科学方法论在石油科学研究应用的成功案例，这些案例生动翔实，有很强的借鉴作用。第三部分为苏义脑院士"32字创新方法口诀"和"技术创新"47例，介绍了苏义脑院士40余年学习、工作和研发、管理不同阶段归纳的47种研究方法。

本书由傅诚德担任主编，负责全书的总体构思、设计、统稿及部分章节的撰写。具体章节编写人："绪言"由傅诚德撰写；"科学方法论的发展历程"由赵永胜、傅诚德撰写；"科学精神和科学方法的哲学基础"由严小成、傅诚德撰写；"重要的科学研究方法"由傅诚德撰写；第二部分应用案例由李宁、蔡希源、李阳、王红军、赵孟军、王敬农、张辛耘、胡素云、吴震权、宋建国、王文彦、裘怿楠、顾家裕、谯汉生、罗平、韩修廷、曹宏、宋岩、陈勉、高雄厚、刘超伟、李国平、马家骥、金凤鸣、伏喜胜、刘翔鄂、王汇彤、欧阳敏、蒋官澄、刘兴斌、赵贤正、张水昌撰写。第三部分由苏义脑院士撰写。李希文参加全书设计、统稿，牛立全、刘嘉、杨宝莹、李析、付晓晴、宗柳参加全书的组稿、审稿工作。本书的学科论述及案例示范如有不当、不足之处，敬请指正。

傅诚德

2017年1月

目 录

绪　言（傅诚德）..1

第一部分　科学方法论

一、科学方法论的发展历程（赵永胜　傅诚德）....................4
　　（一）古代方法论..4
　　（二）近代方法论..5
　　（三）现代方法论..6
二、科学精神和科学方法论的哲学基础（严小成　傅诚德）.........13
　　（一）科学精神的哲学基础.................................14
　　（二）科学方法论的哲学基础...............................19
三、重要的科学研究方法（傅诚德）..............................26
　　（一）经典的方法论——三位近代科学方法论大师的
　　　　　研究方法...26
　　（二）最重要的理论思维方法——科学抽象...................29
　　（三）发挥思维能力的有效方法——假说.....................41
　　（四）科学研究的基本方法——观察和实验...................44
　　（五）提高研发效率必须遵循的方法——站在巨人肩膀之上.....51
　　（六）提高研发团队创造力的方法——科学激励...............53
　　（七）科学方法的基石——科学精神.........................57

i

第二部分　应用案例

一、找准问题，重视细节，找出本质的规律......64

【案例1】创立广义测井曲线概念和Cif格式并获广泛应用——在看似毫不相干的数据体中寻找出共同点（李宁）...64

【案例2】川西坳陷上三叠统须家河组气藏研究方法——首先把问题找准，再把问题进一步分解，本着先易后难的原则解决问题（蔡希源）......66

【案例3】春光油田发现的工作思路（李阳）......68

【案例4】中国中低丰度天然气藏分布与成藏规律研究（王红军）......70

【案例5】塔里木盆地"富油"还是"富气"研究（赵孟军）...73

【案例6】微电阻率成像测井仪器研制成功——贵在坚持、重视细节（王敬农、张辛耘）......74

【案例7】柴北缘南八仙—马北油气田的发现——在已知中区分和提取新的不寻常，获得科学发现（胡素云）....76

二、科学抽象具有极大的创造性，是最重要的理论思维方法........79

【案例8】找油的科学思维（吴震权　宋建国）......79

【案例9】关于找油的思路（吴震权　宋建国）......83

【案例10】油气勘探若干理论与实践问题的再认识（王文彦）...88

【案例11】以"河流砂体储层研究"为例浅谈科研方法（裘怿楠）......97

【案例12】在掌握大量事实的基础上要展开想象的翅膀进行科学的推断和预测——油气沉积学研究的思考（顾家裕）...102

【案例13】系统深入分析事物本质，全面综合提高认识水平（谯汉生）......109

【案例14】独立思考、发展创新（谯汉生）..................110

【案例15】非均质储层测井饱和度定量计算理论——科学抽象
提升出共性规律（李宁）.......................111

【案例16】油气空间分布多元统计预测方法的建立——从似
无关联的信息中找出联系，揭示其内在规律性
（胡素云）..................................113

【案例17】流体包裹体方法及其在油气勘探中的应用——从高
层次抽象演绎出低层次应用科学规律（胡素云）...116

【案例18】库车前陆盆地油气分布与成藏过程之间的必然联系
（赵孟军）..................................120

【案例19】微孔隙认识的抽象思维过程（罗平）............122

【案例20】应用抽象演绎的方法创新柔性抽油系统
（韩修廷）..................................124

【案例21】利用地震信息识别天然气藏——从看似无序的
现象中找出规律（曹宏 王红军）...............125

【案例22】"缝洞单元"概念的形成和应用——从大量的
资料、信息中寻找本质规律（李阳）............127

【案例23】"膏盐岩盖层差异性"概念的形成和应用——从大
量的资料、信息中寻找本质规律（宋岩）........129

【案例24】源储剩余压力差——天然气运移直接动力评价指标的
研究方法（王红军）..........................131

【案例25】成岩相概念的形成和提出——在大量资料信息中
抽提本质属性建立科学概念（胡素云）..........133

【案例26】我国前陆盆地（冲断带）认识的升华（赵孟军）...137

【案例27】从"礁"到"礁滩体"认识的升华（罗平）.......138

三、想象力为发明和创新开辟了广泛的天地......................140

【案例28】非平面水力压裂方法的构思（陈勉）............140

【案例29】液压自封泵的联想（韩修廷）..................141
【案例30】新型降烯烃催化裂化催化剂的联想和创新
（高雄厚　刘超伟）..................143
【案例31】想象力加科学实验获得减阻剂重大成果
（李国平）..................145
【案例32】解决差异带来的问题是再创新的重要途径
（马家骥）..................147

四、研究工作中的直觉和灵感具有很高的创新功能..................151

【案例33】直觉和灵感对华北油田勘探研究的启示和推动
（金凤鸣）..................151
【案例34】相互借鉴，捕捉灵感，发明含磷抗磨添加剂
（伏喜胜）..................156

五、提出假说、经受检验，推动研究工作取得重大成果..................157

【案例35】假想和探索推动了油田堵水调剖剂的发明创新
（刘翔鹗）..................157
【案例36】库车前陆冲断带天然气动态成藏假说的提出和证实
（宋岩）..................159
【案例37】有机质"接力成气"模式的提出及意义
（王红军）..................162

六、科学原理起源于实验与观察，科学实验是技术创新不可逾越的环节和手段..................164

【案例38】对应实验＋选择＝发明（王汇彤）..................164
【案例39】科学有效的试验方案是能否取得试验成功的关键
（伏喜胜）..................165
【案例40】科学实验有效地解决了将重质、劣质原料转变为高附加值的丙烯化工原料的技术难题
（高雄厚　刘超伟）..................166

【案例41】模拟实验解决了烃源岩生气过程有效性定量评价难题
　　　　　（王红军）..................................167

【案例42】测井识别火山岩岩性技术成功应用源于科学实验
　　　　　（欧阳敏　王敬农）..........................171

七、分析前人成果，应用逆向思维，寻找解开难题的钥匙，在开题前选准和设计好技术路线..................................173

【案例43】应用逆向思维，在前人研究基础上原位晶化型
　　　　　催化裂化催化剂获得重大突破（高雄厚　刘超伟）...173

【案例44】善于阅读论文学人之长，启发思维——"油膜法"
　　　　　暂堵技术获得成功（蒋官澄）..................175

【案例45】采用反向思维，研发高含水油田两相流产出剖面
　　　　　测井技术（刘兴斌）..........................176

【案例46】应用新思路，开创了洼槽区油气勘探新局面
　　　　　（赵贤正　金凤鸣）..........................181

【案例47】"缝洞型碳酸盐岩油藏开发基础研究"的立项
　　　　　（李阳）....................................184

【案例48】硫化氢形成过程中的积极效应——否定前人结论
　　　　　就是科学的进步（张水昌）....................186

第三部分　苏义脑院士"32字创新方法口诀"和"技术创新"47例

一、"32字创新方法口诀"..................................188

二、"技术创新"47例......................................190

【例1】冷热相分亦相连：从灯泡冷态电阻判断瓦数..........190

【例2】平方开罢开立方：从 $(a+b)^3=a^3+3a^2b+3ab^2+b^3$ 谈起....191

【例3】质量控制自动好：胀管器／过电流继电器..........191

【例4】掌握本质方法多：圆锥曲线的作图问题（多种）......192

【例5】对数螺线妙何在：对数螺线斗柄式装载机抛料质心轨迹为直线..................193

【例6】十字交叉再交叉：化学溶质／剂配比的"双十字交叉法"..................194

【例7】应力叠加在端值：机械设计公式（单调、叠加问题）...194

【例8】三个转角定性能：挖掘机参数的确定..................195

【例9】平板环隙本相同：流体力学公式推导..................195

【例10】"会当凌绝顶，一览众山小"：井下控制工程学的提出..................196

【例11】大小造斜皆需要：由弯接头到弯壳体..................199

【例12】弯角连续有曲梁：$\Delta\theta$ 的连续性推广..................199

【例13】攻下一般解特殊：地层力 Merphey–Cheatham 公式...200

【例14】自动调节稳特性：中空螺杆的稳流阀 空气螺杆限速阀..................201

【例15】种豆得瓜亦平常：地层倾角方程的完善..................202

【例16】粗细分流改流程：五箩磨的改进..................203

【例17】欲揭本质靠解析：《机械原理》从图解法到解析法...203

【例18】一图能变千图来：机器绘图的梦想..................204

【例19】剪板对正靠光学：剪板对准器的发明..................205

【例20】运用"等效"破难题：螺杆钻具的等效钻铤假设，BHA 大变形的等效方程解法..................205

【例21】系统观点应发展：螺杆钻具与涡轮钻具..................207

【例22】层层深入来抽象：用虚位移原理求马达转子轴向力...208

【例23】能量方法有大用：圆柱弹簧轴向弯曲的广义公式.....209

【例24】逆向思维能突破：短幅摆线与椭圆积分..................210

【例25】切莫轻率下结论：柯尼希定理推广..................212

【例26】 读厚、读薄是正道：华罗庚，郑板桥画竹诗，车床加工杆件的 μ 值问题，导向钻具造斜率经验公式，费米 213

【例27】 "先入为主"要不得：双弯／三弯对单弯的等效问题 216

【例28】 学科交叉出大局：井眼轨道制导的提出（三个类比）................................. 217

【例29】 否定假设严论证：BS-DHM 的 3 点扩展，2 种弯角处理方法与等效论证 218

【例30】 敢于建立新概念：中空螺杆的临界排量问题，井下控制的几个基本概念 218

【例31】 正确预见定决策：地质导向的正确立项，两个判断三点分析一个结论 219

【例32】 深入探求有收获：地层倾角方程，反钟摆钻具 221

【例33】 敢于提出新方法：Kc 法，铰接马达模型 222

【例34】 诸般兵器皆为用：ϕ 函数与接触图／镜像法，圆珠笔模拟，薄膜／沙堆比拟 223

【例35】 尝试特殊摸经验，立足一般用演绎：短幅摆线线型研究，普通摆线线型／控制链（变径稳定器）........ 224

【例36】 宏观把握出思路：$F=F_1-F_2$（电磁阀钻眼问题），力—位移模型 224

【例37】 本质需求定发展：钻井"优质、快速、安全、环保"，技术创新皆由此出 225

【例38】 分清主次莫盲从：引进"螺杆—涡轮"钻具问题 226

【例39】 细研机理定特性：螺杆—涡轮的串联问题 226

【例40】 采用变频找共振：共振解卡器 226

【例41】 莫因习惯忘关键：牙膏、圆珠笔 227

【例42】大胆猜想开新局：血型问题 227

【例43】突破难关用灵感：α 自动控制器 228

【例44】布局皆由需求来：井下控制工程学的学科分解 229

【例45】万事同理一点通：双键马桶节水问题，汽车雷达 229

【例46】隔行隔山不隔理：地震云，里氏震级公式 230

【例47】困惑前面有突破，柳暗花明可创新：地层倾角，弹簧横向弯曲，ϕ 函数与接触图，近钻头测量 231

参考文献 232

绪 言

一切理论的探索，归根结底是方法的探索。人们通常将科学家用来回答解决问题的一系列步骤称之为科学方法。科学在它漫长的历史发展中，借助于不断增加、不断完善的各种科学方法，大大扩展和深化了人们对世界的认识，同时由它提供的科学预见和技术应用的巨大成功，雄辩地说明了对科学方法理论进行研究的重要性。历史的实践一再提醒人们，一旦缺乏创新研究方法的指导与训练，要想获得有价值的成果是很困难的，甚至是不可能的。众所周知，世界科学史上著名的李约瑟难题虽然有多种表述，但核心是"为什么中国从三世纪到十五世纪技术一直是世界领先，却没有产生近代科学？"对此虽然有很多研究成果与结论，但唯一的共识是没有或不重视科学方法的研究与总结。

20世纪二三十年代，我国著名教育家、科学家蔡元培、竺可桢等人呼吁人们要重视学习科学方法，认为民族落后、科学落后的一个重要因素是缺乏科学方法。为了说明科学方法的重要，蔡元培先生在很多场合都讲仙人吕洞宾点石成金的故事，并意味深长地说：科学结论是点成的金，量终有限；科学方法是点石的手指，可以产生无穷的金。1921年6月，冯友兰、罗家伦、何思源等留美学生在哥伦比亚大学为蔡先生举行欢迎会，会上蔡先生恳切地说："诸位同学到国外留学，学一门专业知识，这是重要的。更重要的是要学到那个'手指头'，那就是科学方法。你们掌握了科学方法，将来回国后，无论在什么条件下，都可以对中国做出贡献。"值得深思的是，事隔近百年（1921—2007）著名科学家王大珩、刘东生、叶笃正等院士还在向国家总理提同样的问题——《关于加强创新方法工作的建议》，强调"自主创新，方法先行"，这里再次透视出了我国科学技术研究中的某些贫困与缺失。

回顾改革开放以来，虽然我国石油科学研究的规模迅速增加，研发力度、研发人员数十倍地增长，但科技人员创新能力及水平与发达国家相比仍差距较大。从20世纪80年代以来的近30年里，中国的石油行业每年超过百亿元的科技投入，但创新的成果与投入并不成比例，创新的标志性成果少，具有竞争力的原创成果少，核心技术多为跟踪、模仿型。造成这种现象的原因比较复杂，在矛盾的清理中，人们越来越清楚地认识到缺乏创新研究方法已成为制约中国石油科技效率的一个重要原因。石油科学研究中的单向思维方式和求同的模式，导致科技队伍缺乏认识主体的自我意识和创新意识。有相当多的科技工作者对思维方式方法采取虚无态度，有的做学问的人对于学问如何做和如何做好学问不感兴趣，放弃或忽视了科学方法研究与总结，这是当前科技界不可忽视的大事。

马克思的自然辩证法是方法论的基础。马克思认为科学技术是推动社会经济发展的动力。马克思在《资本论》《经济学手稿》中指出："生产力中也包括科学""另一种不需要资本家花钱的生产力是科学的力量""社会劳动生产力首先是科学的力量"。马克思的科学发展观为科学方法论的发展提供了坚实的保障。

当前，世界石油科学技术正在飞速发展，要求人们借助于科学的方法获得更多的信息，用新的观点和方法来观察和处理科学研究中的各种问题。"创新方法是自主创新的根本之源"，开展科学方法论的研究，结合石油科学研究领域的特点和自己的优势，对传统的科学方法在新条件下的发展加以研究、总结，选择适应石油科学、新的先进科学方法去解决石油科学研究领域的实际问题，进而促使科研的高速、健康发展，占领石油科学的高地，是石油科学工作者和哲学理论工作者面临的共同任务。

（傅诚德）

第一部分
科学方法论

一、科学方法论的发展历程

科学方法论是以认识论（思维科学）为基础，以一整套系统的科学研究方法为内容的方法体系。其内涵是探索科学研究活动本身的一般规律和一般方法，以及人类认识客观规律的基本程序和一般方法，包括人们在认识和改造世界中遵循和运用的符合科学一般原则的各种途径和手段，及在理论研究、应用研究、开发推广等科学活动过程中采用的思路、程序、规则、技巧和模式。

唯物辩证法是人类通过实验、总结概括出来的正确哲学方法，也是科学研究的普遍方法论，对自然科学起到重要的指导作用。

科学方法论正在形成一门独立学科，越来越显示出它对确立新的研究方向，探索各领域新的生长点，提示科学思维，发挥创新能力，提高研发效率的重大作用。科学方法源远流长，对科学方法论的研究也几乎与科学本身一样古老，在整个科学发展进程中，始终都贯穿着科学研究方法论的发展和演化。

（一）古代方法论

最早的科学方法论研究可以追溯到两千多年前古希腊的亚里士多德（前384—前322）的《工具论》，在《工具论》中，亚里士多德研究了思维的形式和规律，提出了归纳和演绎这两种逻辑方法。总结了他那个时代科学认识方法的成就，尤其是创建了归纳—演绎法和科学研究的基本程序，这样的基本程序到现在还影响着我们的科学家。

古代科学的发展，从原始社会的零散、肤浅、朦胧的知识与经验，到奴隶、封建社会的思辩与猜测，其方法论本质上是整体论，强调整体地把握研究对象，特点是重视整体的朦胧抽象、轻视细节的明晰规定，重视经验基础上的自觉顿悟、轻视实验科学、轻视客观自然的探索与征服。虽有丰富的辩证法思想，却停留在朴素、直观的阶段。没有把对整体的把握建立在对部分的精细了解之上。人们对于自然、社会现象的考察往往是笼统的，其研究方法的主流是万物有灵—图腾崇拜，科学认识与宗教混杂、个人情感外推等非客观、非科学的方法。

（二）近代方法论

15世纪后半叶，欧洲自文艺复兴以后，由于资本主义生产方式的推动，促进了科学技术的不断发展。自然科学从哲学中分化独立出来，形成了分门别类进行研究的新局面。科学研究方法如实验方法、观察方法、数学方法、逻辑方法和假说法等都有了重大发展。最突出的特征是人们广泛采用实验方法来研究自然现象，并逐步地和数学方法相结合。回顾科学技术的历史就会发现，凡是有成就的科学家，无不在科学方法上有所建树，在他们的科学著作中，常常对科学研究的方法做出了总结。

德谟克利特（公元前460—公元前361）提出了还原的方法。罗吉尔·培根（1214—1292年）总结了实验的方法。伽利略（1564—1642年）提出了理想化方法。弗兰西斯·培根（1561—1626年）在《新工具》一书中，较为系统地阐述了近代科学以实验方法为基础的科学认识新工具，创建了归纳逻辑；笛卡尔（1596—1650年）在《方法谈》一书中，特别重视演绎法和数学方法的作用，提出了数学是其他一切科学的理想和模型，创立了以数学为基础以演绎法为核心的方法论。

作为经典力学的创始人牛顿（1642—1727年），继承了培根、笛卡尔以及伽利略的方法论思想，把复杂现象简化，略去非线性部分，强调为了认识整体必须认识部分，用部分说明整体的科学研究方法在《自然哲学的数学原理》一书中进行了总结，形成了相对完整的，以机械唯物主义自然观为基础的西方近代科学方法论——还原论研究方法，对科学发展做出了不可磨灭的贡献，起到了推动科学发展的积极作用（三位方法论巨人的重要观点在本书第一部分的"重要的科学研究方法"中还将介绍）。

18世纪末到19世纪，影响人类认识方法的重要科学成就是康德—拉普拉斯星云假说的提出，原子—分子学说的创建，生物进化论问世、细胞学说建立，能量守恒和转化定律的确立，电磁理论、热力学第二定律和统计力学建立、元素周期律和遗传规律被发现等。这些科学成就为人们描绘出了一幅更加逼真的自然图景，同时也为人们提供了更加正确的认识方法——辩证法。

19世纪40年代，马克思主义哲学的诞生是人类思想发展史上的一个重要的里程碑，建立在实践基础上的辩证唯物主义和历史唯物主义批判地吸收了人类文化的精华，从根本上克服了旧哲学的非科学性和反科学性，为人类认识世界、改造世界提供了科学的世界观和方法论。马克思主义哲学既是世界观，又是方法论。

总之，近代400年来科学遵循的方法论是还原论，即"分析—重构"方法。这是由于每一种事物都是一些更为简单的、更为基本的东西的集合体，首先研究清楚局部或部分的物理特性，然后再通过求和来了解整体特性的方法，就是还原论方法。还原论非常合符人的直观感觉、合符人的日常生活经验。不过分地说，整个近代科学中所谓科学方法，本质上就是还原论方法；用还原论方法来研究各自的对象，在许多认识方面取得巨大成功。无论是哈雷彗星的发现与确认、大量新基本粒子的发现认证、分子生物学，直至认识生命本质、遗传工程，地下资源开发、化学原子—分子学说、生物细胞学说、进化学说，能量守恒原理等等科学理论无不是还原论方法的成功应用。

（三）现代方法论

20世纪以来，现代科学发展的一个重要趋势就是各门学科互相交叉、互相渗透，边缘科学大量涌现。仅有分析方法是不够的，现代人学会了进一步综合地、动态地、系统地把握对象。通过交叉、渗透和综合形成的控制论方法、信息方法、系统方法以及各种定量研究的方法在自然科学率先得到了进一步的发展和完善,并渗透入社会科学领域。现代方法论可分为两个阶段:一般系统论阶段和复杂性系统论阶段。

1. 一般系统论

20世纪20～60年代为一般系统论时期。随着科学越来越深入到更小尺度的微观层次,人们对物质系统的认识越来越精细,值得人们深思的是对整体的认识反而越来越模糊了。系统论的创始人贝塔朗菲无可奈何地声称"我们被迫在一切知识领域中运用'整体'或'系统'概念来处理复杂性问题",这从另一个角度也可以解释为系统科学方法是通过揭露和克服还原论的片面性和局限性而产生发展起来的。应该说人类历史上把世界作为一个整体来思考从未停止过,但把整体论作为一种理论,作为一种新的科学方法却是20世纪以来的事情。

第二次世界大战前后,从事方法论研究的科学家提出3个方面的想法:第一是科学是什么。第二,科学方法必须经过严密的科学论证,科学家不一定懂科学方法。第三,所有的自然科学都应该有一个规范,都遵循共同的规则。在这些想法和规则的影响下,第二次世界大战后发展建立了控制论、系统论和信息论,被称为横断学科的系统科学方法。

事实上,系统科学的早期发展在很大程度上使用的仍然是还原论方法,不同的是强调为了把握整体而还原和分析,在整体性观点指导下进行还原和分析,通过整合有关部分的认识以获得整体的认识。对于比较简单的系统,这样处理一般还是有效的。整体性原则、相互联系原则、有序性原则和动态原则是系统方法的特点。

控制论、系统论和信息论之所以给科学研究提供新的方法论意义,主要在于它们在逻辑思维方式上有重大的创新。第一,它们突破了把对象先分割成部分,再从部分综合成整体的传统思维方法的束缚,主张"整体大于它的部分之和"的辩证观点。第二,它们冲破了牛顿和拉普拉斯的机械决定论的范围,对系统内各种信息变化采用了统计理论,不是着重研究系统此时此刻的行为,而是研究所有可能的行为和状态,把握住系统的变动趋势。第三,它们打破了自然领域和社会领域、机器和生物之间的严格界限,把它们统统当作控制来对待,因而对物质的运动可从这个侧面来认识、来处理。通俗地讲，对于复杂系统，整体的性质不等于部分性质之和，即整体与部分之间的关系不是一种线性关系。这一说法虽然很简单，但在科学方法论方面却引起了人们的注意与反思，也就是处理与解决复杂系统有关问题，几百年以来科技界所用的、占支配地位的还原论方法有所不足，还需要补充新的方法。用整体论、目的论在总体上替代了因果论、还原论，这样的思维方式反映了现代科学整体化、综合化的特点，使人类对世界统一性的认识达到了一个新的高度。为现代高度发展的科学技术和社会生活提供了新的方法，开拓了新的思路。

2. 复杂性系统论

20 世纪 70 年代以来的研究表明，在自然、社会、思维中更为普遍存在的是非线性。如果通过对一个系统的子系统的了解，不能对系统的性质做出完全的解释，这样的系统称为复杂性系统。石油勘探与开发面临的系统就是这样的复杂系统。复杂系统一般具有以下九个特征：非线性、不稳定性、不可预测性、不可分解性、非集中控制性、多样性、整体性、统计性、不可逆性自组织临界性等。这也正是目前世界上越来越多的科学家对科学方法论问题感到极大兴趣的原因所在。

在复杂性研究的实践中人们逐步认识到，还原论的分析—重构方法用于复杂系统研究，重点在于由部分重构整体。即从整体出发进行分析，根据对部分的数学描述直接建立关于整体的数学描述，对于简单系统就是可以进行直接综合的系统。对于所谓的简单巨系统由于规模太大，微观层次的随机性具有本质意义，直接综合方法无效，可行的办法是统计综合。而对于复杂大系统连统计综合也无能为力，需要更复杂的综合方法。

复杂性科学的兴起，对传统认识论和方法论带来了重大影响。特别是方法论层面的影响更大。复杂性科学的研究者们的一个共同特点就是都感受到了还原论的局限，都从批判还原论入手来提出、展开自己的新主张，都把超越还原论当作自己的首要任务。1999 年，美国《科学》杂志在其刊发的复杂性专刊中，其中的一篇文章《超越还原论》，就是一种方法论探索的尝试。

进入 20 世纪 80 年代，在西方，复杂性研究方法论也已经被提到议事日程，以美国圣塔菲研究所为代表的研究学派成为世界复杂性研究中枢。圣塔菲研究所的研究方法具有开创性，与之前研究的最大区别是，把计算模拟、隐喻类比方法引入复杂性研究中。随着计算机技术的成熟，计算机仿真与建模成为研究的重要方法。这种新方法的应用大大弥补了以往复杂性理论难于检验的弱点，并在技术上粗略实现了对现实复杂性问题的仿真模拟与趋势预测。但是期望完全靠机器自动求解复杂系统问题，是行不通的，这可能是科学家们困惑的原因所在。最早明确提出探索复杂性方法论的是我国著名科学家钱学森。他在 20 世纪 80 年代复杂性研究刚刚兴起时就把这个问题提到议事日程上来。复杂性系统科学的产生发展表明：不要还原论不行，只要还原论也不行；不要整体论不行，只要整体论也不行。不还原到元素层次，不了解局部的精细结构，对系统整体的认识只能是直观的、猜测性的、笼统的，缺乏科学性。没有整体观点，对事物的认识只能是零碎的，只见树木，不见森林。显然，科学的态度是把还原论与整体论结合起来。

钱学森认为：解决开放的复杂巨系统问题目前唯一有效的办法，就是使用他提出的《从定性到定量综合集成法》，就是把还原论和整体论有机结合起来，既超越了还原论方法，又发展了整体论方法，是方法论上的一种创新。综合集成方法吸收了还原论方法和整体论方法的长处，同时也弥补了各自的局限性。形象地说，可表示如下：

整体论方法：$1+0=1$；

还原论方法：$1+1 \leqslant 2$；

综合集成方法：$1+1>2$

综合集成方法论是研究复杂系统和复杂巨系统（包括社会系统）的方法论。

值得石油科技工作者骄傲的是翁文波院士在认识论、方法论上的研究与实践。他所创立的"唯象信息预测论"其理论基础和学术观点具有不容忽视的哲学和科学认识论意义。

翁文波院士将正态分布、泊松分布、逻辑斯谛分布引入到信息预测理论之中，这对预测理论与方法的贡献是前所未有的。其中 Weng 旋回和 logistic 预测模型在生命科学系统、资源有限的油田系统的预测中具有普遍应用价值。

翁文波院士的信息预测理论最令世人瞩目的是灾变预测方法。他认为可公度性是自然界的一种秩序，有秩序就是有规律可循。将可公度的信息系从天文学扩张到预测学，将二元关系中的周期性扩展到三元、四元等多元关系的可公度性，并成功地运用到灾变预测之中。在创立唯象信息预测论的同时也拓展了方法论。尽管复杂性研究的学者们发现了正统认识论、方法论在研究复杂性问题上的弱点和不足，感觉有必要开辟一条新途径以解决人类面临的难题。但是他们应用的方法基本上还是正统的方法，步履维艰。而翁文波院士的信息预测理论和方法在这一方向上已经初具规模，形成了体系，取得了令人惊叹的成果，可以说翁文波院士的研究是我国古代和现代方法论结合的典范。

人类科学方法的发展与进步可以归纳为九个标志性成果（戴世强），这些成果对启发和推动科学技术的发展做出了重大贡献：

（1）观察方法的产生。在农业、畜牧业的实践中，为了满足确定农时、制作历法等实践需要，产生了原始的观察方法，为早期的天文学、数学、力学、物理学等的诞生奠定了基础。

（2）逻辑方法的创始。公元前 6～3 世纪，古希腊的泰勒斯、德谟克利特、亚里士多德、欧几里得等人运用演绎推理，从经验观察上升到理论认识。亚里士多德创立形式逻辑上的科学方法论和公理方法，使得欧几里得《几何原本》问世。

（3）数学方法开始形成。公元前 5～2 世纪，古希腊的毕达哥拉斯、柏拉图、阿基米德等人首先提出自然界的规律可用数学把握的观点，提倡用数学解释万物。阿基米德首次把实验的经验研究与演绎推理结合，建立杠杆定理、浮力定律。

（4）实验方法逐渐形成。13 世纪，英国科学家罗吉尔·培根率先提出实验科学；15 世纪，意大利画家、科学家达·芬奇等人强调实验在认识中的作用；15～16 世纪，意大利科学家伽利略成为现代实验科学的奠基人；16 世纪，英国哲学家弗朗西斯·培根成为实验科学的哲学代言人，他的《新工具》的问世是标志。

（5）逻辑方法的发展。其中的两条主线为：16世纪，英国哲学家弗朗西斯·培根发展了归纳逻辑方法，建立了逻辑分析中的求同法、差异法和共变法；17世纪波义耳、18世纪林奈将其拓广到化学和生物学；17世纪，法国科学家、哲学家笛卡尔发展了演绎逻辑方法，构建了数学新体系——解析几何；17世纪牛顿将力学整理成演绎体系，《自然哲学的数学原理》问世。

（6）假说方法的普遍应用。17世纪由笛卡尔提出，经洛克、莱布尼兹丰富和发展，19世纪后普遍应用。假说方法突破了传统方法。著名的假说有：宇宙演化的星云假说、生物学的进化论、物理学的热素假说、化学中的物质结构假说等。假说本身是理论知识的一种形态，一旦验证成立，就上升为科学理论或定律。

（7）自然辩证法方法的创立。19世纪马克思、恩格斯创建了自然辩证法，为正确研究自然科学方法论奠定了理论基础。恩格斯的《自然辩证法》对观察、实验、归纳和演绎、分析和综合、历史与逻辑的统一、科学假说等科研方法都做了深入考察和分析。

（8）系统科学方法的形成。朴素的系统科学方法由亚里士多德、莱布尼兹、黑格尔等提出，近几年才补全形成。此方法摆脱了传统方法的束缚，将事物联系起来，系统地、动态地考察，从整体上考察复杂系统，将定量方法（如动态模拟法、信息方法、反馈方法、综合集成方法等）引入各个学科，使科研方法产生质的飞跃。

（9）数学方法的发展。亚里士多德—欧几里得—伽利略—牛顿—莱布尼兹发展的数学方法近年来取得了长足的进步，对宏观、微观特性的描述发挥了很大的作用。随着计算机技术的发展，数学已渗透到所有的自然科学领域以及部分社会科学领域。

巴甫洛夫（1849—1936年）说："科学是随着研究方法所获得的成就而前进的。研究方法每前进一步，我们就提高一步。"回顾科学技术进步的历史，特别是20世纪以来，科学技术以惊人的发展速度，展示了人类的高度智慧。19世纪末20世纪初，电子、放射性现象的发现，打开了原子世界的大门；20世纪20年代迅速发展的量子力学，给自然科学及其思维方法带来深刻的变化；20世纪30年代初中子的发现和这个年代末原子核裂变的成功，给原子能的利用提供了现实的可能；接着，20世纪40年代开始了原子能的利用，随后发展起来的电子计算机，以及控制论、信息论、系统论和后来人工智能等学科的产生；20世纪50年代发明成功的人造地球卫星，以及后来的宇宙飞船和与此相关的遥感技术；还有20世纪五六十年代间分子遗传学的光辉成就；20世纪60年代的激光技术以及现代宇宙学的迅速发展。上述种种，都是20世纪的突出成就。科学的新成就和思维方式的变化带来了科学方法的重大变革，新的科学方法的采用也促进了科学技术的快速发展。

当前方法论发展有五个趋势：一是研究方法呈现出综合化趋势。科学技术出现高度分化与高度综合的一个明显特征就是产生出了许多交叉学科和边缘学科。各门科学的发展，也不再囿于某一范畴、某一维度的"就事论事"，而是多维度、全方位的"旁征博引"。表现在科学研究方法论上，相邻学科方法系统的移植与开拓，越来越受到人们的重视。二是"思想实验"。自然科学工作者在科学研究的过程中，理论思维的能力居于重要的地位。实证方法和理性方法紧密结合，重视实证方法基础上的理性方法，靠"思想实验"和逻辑推理方法解决问题。三是科学方法论向社会科学领域拓展。四是科学方法论转向关注人文在内的科学方法论。五是转向机器发现。机器发现也就是计算机发现。是人设计计算机程序，再把相关的经验数据（比如观察实验结果）输入计算机，由计算机按照人设计的程序进行运算，运算的一些重要阶段的结果由人来做出诠释，整个过程是人—机相互作用的过程。最后的结果出来了，还是要人根据有关知识对这个最终的结果做诠释，这样才算是一个机器发现。这个领域里用科学方法论和计算机结合在一起认识科学本身，或者做出科学上新的发现，已经出现了强劲的势头。

（赵永胜　傅诚德）

二、科学精神和科学方法论的哲学基础

近世以来，人类并不止步于自然科学成就的理论形态，而是选择向两大方向加速突破，有两种人（有时是一些伟人的两种功勋）坚韧地延续着两大方向上的科学努力：向下演绎出源源不断的技术创造和人类生活福祉，以实现科学价值最大化，使科学成为最大的善者；向上求溯出科学的哲学基础，以保证科学的正确和妥帖，给科学家一片宁静丹心，使科学真正成为真理和纯正的化身。以上两种努力都推动了文明进步。

我们人类在历经生活的酸甜苦辣和科学实践的是非成败之后，终于拥有了属于自己的科学精神和科学方法论。科学精神与科学方法论既在科学活动之中，又在科学活动之上，指引科学研究，为科学繁荣做出永不磨灭的贡献。但是，即便是在普遍的科学精神和科学方法论的背后，仍然隐藏着某种更为深层的科学哲学基础。理性主义大师、近代科学的奠基人之一勒内·笛卡尔（Rene Descartes）的"科学树"形象而准确地揭示了科学的内在逻辑：繁花硕果和繁茂枝叶是技术创新或实践创造，她们是从主干或大物理学或理论自然科学中暂露出来，但归根到底，她们全都发源于慧根或形而上学或哲学基础。

这是一个科学技术成果日益似锦如花的时代，也是快乐因素又一次重度影响人类生活方式的时代，因而也是一个因狂热而容易偏离或淡忘正确根本的年代。此时此刻，做一些正本清源的研究，应该对现在乃至将来的科学和生活具有一定的积极意义。

（一）科学精神的哲学基础

科学精神是属于全人类的极其宝贵的精神财富，是人类精神的重要精华，是科学巨人的内在气质。她无形而厚重，支持人类文明走到今天。遗憾的是，科学精神并不总是彰显；应与科学精神一同彰显的，还有她的哲学基础。

科学精神的哲学基础就是唯物辩证法。幸运的是，我们生活在唯物且辩证的科学哲学占统治地位的世界，无论我们是否承认或者是否有此清醒认识。事实上，如果我们把自然的宝藏、唯物辩证法的价值、科学精神的弘扬、科学技术的进步、幸福生活的增进等五环串连起来，正好连成一条永恒的逻辑金链。

科学精神主要包含求真务实、实验至上、开放宽容、批判创新、理性精进等精神要素，而每一要素的背后，都存在着十分贴近的终极哲学理念。

（1）从客观实在到求真务实。求真务实精神是首要的科学精神，也可看成是科学精神的缩影。关于客观实在的原理是唯物辩证法的第一原理，尊重客观存在和客观规律的要求堪称唯物辩证法的第一要求。客观实在的哲理正是求真务实精神的哲学基础。也正是在这里，我们看到了科学精神的逻辑起点或哲学源头。

大千世界的本性决定了科学家应有的天性，世界客观实在的最高本质催生了世界的研究者应有的求真务实的高贵品质。科学事业是人间美好生活的奠基者，她的使命在于为人类生活的改善提供尽可能客观真实的知识基础，因而求真务实的精神理应是科学的核心精神。求真务实精神的以下几种要求，或许使我们联想到科学精神的几种历史或现实的境遇。

第一，要坦然地正视客观世界，因为客观世界（一切客观实在的总和）几乎是我们的唯一希望。科学并不欣赏隐逸之风，而是提倡勇敢地面对世界，尽管世道如此艰难并且必将有新的艰难。科学家也并不奢谈前世来生，面对真实世界和现实生活是科学精神的起码要求。真实世界是真实生活的唯一依靠，人类的几乎一切主观愿望达成的正确途径恰好就是客观对象的研究和利用。

第二，要具体地研究客观世界，因为世界上的任一对象都有其独一无二的具体内容，而不同的内容对人类来说又意味着不同的能量或危害。科学研究不可彼此雷同、张冠李戴、粗制滥造、浅尝辄止、以偏概全。具体研究是具体真理产生的前提，具体研究是更新和丰富人类生活（这是人类重要本性之一）的必备条件。

第三，要逼真地反映客观世界，因为客观的反映也许只有一个总版本但价值无限（主观杜撰却有无数版本但价值菲薄）。科学家不喜欢编故事、想当然、道听途说。科学家不任性，不因人费事，不计较人间恩怨，只论事实，不论好恶。科学是巫术、谎言和现代迷信的天敌。当今世界，迷信变种众多，虚拟世界迅速扩大，似是而非现象增多，在科学技术突飞猛进和急功近利迅速膨胀两种因素的强力对冲的背景之下，科学求真精神既遇机会，又遇挑战。

时代再次呼唤客观实在精神和求真务实精神。

（2）从实践第一到实验至上。其实，在从客观实在到求真务实这条线索中，我们也能隐约看出人类实践和科学实验的突出地位。

思想是重要的，而行动是决定性的；有知识就有力量，而成功实践最有份量；科学理论弥足珍贵，而科学实验引领科学并判定真伪科学。

科学与宗教、艺术、纯哲学甚至纯数学等非常不同，自始至终，科学都紧贴生活实践和真实的科学实验。

科学思想奇才善做思想实验，如爱因斯坦，但是，爱因斯坦的思想实验实质上关注的是能量和速度等重大现实问题。

从科学数据到科学文字描述，从科学理论建构到日后的日臻完善，都服从于日益先进的科学实验。

科学实验的竞争力曾经受到宗教神学、形而上学、权贵人物等挑战，但自文艺复兴以来，科学实验得以最终胜出。

诺贝尔之后一百多年来，几乎每年金秋十月，我们都能看到几位全球顶尖的自然科学家获诺贝尔奖。其实他们之中，总有超过60%的科学家长期生活在各不相同的实验室中，并且他们的获奖成果历经检验并将继续接受科学实验的检验。

科学精神总在提醒并催促科学界的人们：我们在书斋能否具有一双透视现实和美好未来的眼睛？我们在实验室能否再做一系列更有现实意义的科学实验？

（3）从联通互动到开放宽容。唯物辩证法揭示：世界是联系的，任一个体都不是孤立体，世界总体在上下左右前后内外都处于联动之中，宇宙万物正是在内在因素和外在环境的共同作用之下，实现着自身的循环与演进。

科学世界是一个更为理想的文化世界，她严密而高效地对应着对象世界，其中的人与物、物与事、事与事、事与人、人与人的联通互动和包容宽容也可看作一种科学文化精神。

科学的开放宽容精神要求我们：

第一，不可闭门造车：科学研究总应向科学研究的现实对象开放，不该自觉或不自觉地封闭在脑海或书海中。古今中外，车的设计、制造在人车互动中前行。

第二，不应有门户之见：不管是高水平的科学共同体，还是高尚的利益共同体，都存在自身的局限性。科学已快步步入大科学时代，多主体·多学科·多领域之间的深度、全面的合作已是必然。

第三，不可故步自封：因为当我们停滞不前的时候，我们的研究对象却继续向着未来开放，并且，我们的朋友或对手也许正在进行高效率的强强联合。

第四，不可囿于一己之见或一己之利：个人利益是较狭隘的，个人意见是较片面的，我们的对象却是中立而复杂的，科学需要我们尽可能去掉偏私和偏见，保持开放胸怀。

第五，不可有过分放大的马太效应[①]：科学权威的说服力主要是针对既往的科学历史的，而科学的本性却是向着未来的，要给新人、新课题、成长性的科学共同体以更多的机遇和机制。

第六，要严做事宽待人：物是有密度的，没有虚空，所以事事应该是严密的，做人应该是严谨的，严格反倒是开明科学的；但是，由

[①]《新约马太福音》："凡有的，还要加倍给他叫他多余；没有的，连他所有的也要夺过来。"指强者更强、弱者更弱，或富的更富、穷的更穷。

于人人有局限，人人有差异，人人必有错，人人须合作，所以开放包容应属科学精神。

第七，要让联动总向着共进：联通是为了互动，互动不止于单面的进展，也不止于此消彼长，更不是相互损耗或两败俱伤，而是经由多方若干倍彼此放大之后，共同走向科学的繁荣。

（4）从矛盾发展到批判创新。唯物辩证法的一个重大奥秘在于，她不仅积极地研究发展问题，而且客观积极地研究矛盾问题，并将两者结合，得出一条震惊世界历史的普遍真理：正是矛盾从根本上推动万事万物的发展！古今中外，自然、社会和心灵，概莫能外。

科学世界从来就不是一片清静地，正是在批评与自我批评、批判与自我批判的历史主流中，科学开辟出一条又一条新路，迎来了一个又一个科学时代。批判创新的精神是不变的科学精神。

科学的批判创新精神进一步启示现实中的人们：

第一，关于新能源、新材料、新产业、新经济、新社会、新人类的科学研究实为重中之重。

第二，将科学经典与技术经验、积淀与成就、遗产与传统中的积极因素全部保留，让她们与现代的精华交相辉映。

第三，将尊师重道、谦虚谨慎、稳扎稳打的优良传统与标新立异、大刀阔斧、披荆斩棘的当代作风统一起来。

第四，真正超越"厚古薄今"与"今是昨非"两种片面思想，真正杜绝"闭关自守"和"崇洋媚外"两种极端做派，真正把"时髦与创新"和"毁灭与批判"严格区分开来。

第五，要把彼此协同与相互竞争结合起来，要把善于竞争与善于借鉴统一起来。要反对过于强硬和过于柔弱；既不满足于做谦谦君子，也不梦想只做霸道之人。

第六，适当倾听批评者和批判者的声音。要倾听清静无为者和消极避世者的辩护，但不要从根本上为之动摇。须知，科学文明，不进则退，不退则进，而进步的奥秘恰好就是辩证扬弃或矛盾运动。

这样一来，人心是平和积极的，科学是稳中求进的，社会生活是推陈出新、欣欣向荣的。

（5）从渐进跃进到理性精进。从过去经现在到将来，要促进科学进步，从科学精神或科学意识层面上说，除了客观精神和实践精神之外，还须注意三点：一是联通开放的态势和心胸，二是批判创新的勇气和智谋，三是从量变到质变的坚韧连续和不断转化。

世间变化虽然形式万千，过程各异，但总遵循着一种最基本的模式：从积聚到激变，从渐进到跃进。自然界如此，人世间如此，科学世界的情形更是如此。

科学研究从量变到质变的不断更迭实质上构成了人类的科学理性深耕细作的历史进程。在历史上，神话宗教、文学艺术、思辨的或经院的哲学并没能使人类文明真正加速进步，但自从有了日益健全的数学体系（算术、几何学、代数学、函数论等系统）及其日益成功的物理应用之后，人类才真正拓展了自己的科学视野，并且在物质研究的微观、宏观乃至巨观、宇观层面上不断开花结果；化学使人类掌握了一套又一套发生神奇质变的途径；而现代计算机科学、信息技术和生物技术使人类的科学认识迅猛加速、多维拓展、不断升级……其实，全部的科学史特别是应用科学在近现代的突飞猛进尤其见证并强化了人类理性的精益进取的精神。

科学的理性精进的精神至少提示我们作如下有价值的思考：

第一，科学是一种理性理智主导的事业，而不是纵情任性的感性主宰的活动。科学理性总是内含两种宝贵追求并努力实现两者的完美统一：正确反映自然真实之机理和正确反映人类合理之需求。科学总是努力克服人类感性的各种局限性：肤浅、短视、私自、易走两极和难顾中间进程，世俗生活中的科学家们也会受到此类干扰甚至感染。自古以来，人类的感性较好地保持了她的活性，但也带来了数不清的过错，正是科学风气和科学理性最大程度上减少了某些错误及其更加严重的恶果。

第二，科学精神几乎就是精益求精的精神，科学是粗糙、草率的天敌。在浩渺的宇宙中，人类能够认知并充分利用的只是极少数物质和能量，所以科学需要精细；凡有能量的地方总包藏危险，所以我们需要特别小心；多一分制造就有可能多一分危害，所以在加工和循环利用中，节能减排增效令我们一刻都不能省心……太阳之所以还能让地球沐浴40亿年的光辉,是因为她全面、稳定、成熟地掌控了精深博大的核能技术……

第三,科学的理性进取不仅带来了知识信息的数量升级,而且带来了一次又一次的科学技术革命,并且这种进步、跃升和转换不会终结。科学一方面可以做得更高更强更远更大,另一方面又可以做到更准更稳更精更细,在这个双向互动的过程中,不仅实现了科学技术力量自身的一次又一次的提高,而且多次引发了人类生活品质的提升和革命。

属于中国人的科学春天正在到来,但从制作大国到科学技术强国还有一段路要走。要走好并且一直走好这条路,一要精神科学纯正,二要蓄势而发的实际过程,三要方法科学对路。

(二)科学方法论的哲学基础

科学方法论是人类科学发现与技术发明道路上的有力推手,是科学家的共同朋友,是人类科学研究的共同经验与普适智慧的理性表达,是一套关于科学研究的普遍有效的方式方法、程序原则的集合。虽然科学方法论就是一套准哲学,但其背后仍然隐含了更为深层的科学哲学奥秘。无论在古代还是现代和当代,无论方法论具有经典性还是具有现代性,也无论我们的科学研究处于课题研究的哪一阶段,科学的哲学指引都闪耀着理性的光辉。以下研究努力应和一条真理:在科学研究进程的每一个重要环节,为了让生动具体的研究科学而高效,最好找到相应的科学哲学指引。

(1) 发现科学问题的哲学指引。在文明的较高梯度上,科学研究的起点往往不是生活直观或者生活偶遇,而是科学问题的发现。科学研究往往是从自觉的科学问题开始,而不是从很可能盲目的经验观察入手。伟大的科学哲学家卡尔·波普尔(Karl Popper)也坚持这一观点。这样一来,发现科学问题就显得特别重要,爱因斯坦(Albert Einstein)等人甚至认为其重要性超过了解决问题。那么,如何才能科学地发现科学的问题呢?哲学智慧至少给我们如下指引:

聆听生活深处的声音。科学是一种探索对象真相的文化现象,一切文化都以人为本。在人的需求中，可以找到一切科学问题的根由。生活问题有是非真假，决断科学问题时不可颠倒虚构；生活问题有轻重缓急，精选科学问题时不可本末倒置；生活中有过剩，更有短缺甚至盲点，我们都须一一掂量。科学问题的发现者应该是社会生活的关心者、观察家、反思者和探索家；而面对人与自然之间的冲突，善于发现的人们总是努力弄懂两边，站在中间，始终思考着一个有趣而棘手的生活问题：如何才能使人类持续过上更好的日子？

拥有宏大视野。思想家生活在自己的真实思想空间里，科学家生活在自己的科学园地里。一般而言，人们容易生活在自己的各不相同的视野里，没有人能够做到全视。但是，确有这样一个大千世界，她身上几乎应有尽有，直接或者间接地包含了人所需要的一切能量、物质和信息，所以，我们应该努力打破上下左右前后、过去现在将来的界限，使我们的科学世界尽可能统一于大千世界，拥有尽可能深邃宏远的视野。不少时候，科学问题和科研课题就在常人和常规的视野之外不远处；不少时候，宏大视野既能增加发现问题的数量和质量，又能降低发现问题的难度和时间成本。

涉足交叉地带。在大视野之下，貌似浑然一体的自然界又是有分界的。分界处恰是新物质丰富并且多变的地方；在生命世界，只要交叉成功，就有产生优势生命的可能；在学科的边缘或学科间的交叉地带（可称为"都没管"或"都想管"的地方），新老问题层出不穷，科学合作不断涌现。在远离核心、热点和焦点的地带，边缘处是科学隐士的乐园，交叉处是科学外交家的圣地，在这些地方，已经发现并将继续发现数不清的科学问题。

搜寻空白点。当我们擦亮眼睛，或者若干倍地放大知识间的间隙，或者若干倍地加强探索者的严谨性（科学家的这种必备禀性可能在流失），我们就会发现，在已有研究成果的中心、中间环节和边界处，都存在一些空白点。这些空白点也许不多，也不大，但真实存在，并且可能很有价值。这里也许又生活着一批科学界的"清道夫"。

前瞻高险处。科学研究讲究广度，更讲究深度、高度和精度。每一种研究都向上攀登，因而不断攀登正好是不断发现问题和解决问题的有利条件；充当领头羊的科学家或科学共同体都试图登峰造极，也许他们和熟知他们的朋友或对手最清楚问题的所在。有些课题充满风险（如核能释放、病毒防治、克隆技术、空间技术等），但是恰好科学问题重重：不仅它们本身是重大科学问题，而且他们的解决方案中又派生出一系列的重要问题。在这些地方，有一些孤傲的科学灵魂和科学探险家。

（2）获取科学事实的哲学指引。面对科学问题，就应该充分准备相应的科学事实，为日后的科学发现打下良好的基础。要想更好地获得科学事实，最好具有以下哲学性的准备：

从客观事实到科学事实。从客观事实到科学事实的转换是一种从自然状态向科学状态成功跨越的较典型的代表。这种跨越来自于精心选题乃至定向控制。客观事实是自在之物，而科学事实几乎就成了为我之物；客观事实自在自为，无拘无束，而科学事实则为人统摄，甚至为我所控。确凿的科学事实来自于主客观两方面的契合：一是我们所瞄准的外在自然对象，二是我们的正确意志和科学技术实力。

从单面观察到全面观察。在人类获得科学事实的感官系统中，眼睛很可能是最外向、最真切、最可靠的一种。经验观察是一种最经典的获取事实的途径。但是，仅有裸眼对于表象的有限扫描是远远不够的：还须放大或微缩对象物，还须看清侧面、反面和透视层层里面，还须去掉若干表象、假象和干扰项。除此以外，我们还须有效地利用其他感官及其延伸物，同时努力避免各种相应的误差、误读和误解。我们要细看悉听和准确判断，精确记录、计算和记忆，翔实描述和反演。唯其如此，我们获得科学事实的感性的途径才是更可靠的，此时，单面观察演进成了全视。

从感性实验到科学真理渗透的理性实验。在科学历史和中国科技现实中，实验有时被误解成一种纯粹感性的活动。其实，要想通过科学实验获得理想的科学事实，则要求实验不仅是感性的，而且是理性的。这就要求我们特别注意以下几点：第一，关于一切科学实验装备的决策是英明、理智的；第二，科学实验队伍的头脑是用科学真理和理性理智武装的；第三，科学实验中，应让操作手长"心眼"，让数据善于说话，让机器善于纠错……这样一来，不仅保证了实验领袖、实验者和实验过程的优良理性，而且孕育了未来的科学假说和科学理论。

（3）提出科学假说与科学理论的哲学指引。针对特定的科学问题，在充分累积科学事实的基础之上，科学假说和科学理论的出现是大势所趋。但是，提出科学假说和科学理论也是有科学的哲学基础的。

归纳与演绎统一。面对科学事实，归纳和演绎是两种相辅相成的思维路径。归纳过程使科学事实和经验记录向着科学假说和科学理论运动，科学的归纳能使一系列个别事实逐步上升到一般性结论乃至最普遍的科学真理。但是，仅有归纳是片面的，因为它不能完全保证那些已经渗透了某些理论的经验判断和科学描述的客观真实性，因此，在提出科学假说和科学理论的活动中，演绎的引入不可或缺。在演绎过程中，只要前提正确，步骤严谨，就可以保证作为结论的假设和理论的正确性。一句话，如果我们能够让归纳与演绎完美统一，那么，新假说和新理论的客观事实基础和科学理论基础也就有了共同的保证。

分析与综合结合。归纳与演绎为我们解决个别与一般、个体与同类的关系难题，分析与综合则帮我们解决局部与整体的关系问题。任何研究对象在时空上都由各不相同的要素与因素、部分与组分、环节与阶段、顺序与层次所构成，这就要求我们，在科学事实的基础之上，尽可能对每一局部都要进行分离、解构和分析。没有分析就没有科学假说的发言权，没有分析就不会有翔实的科学理论。但是，仅有分析也是不够的，因为任何研究对象都是有机整体或包含了诸多要素的系统。综合乃至于包含清理开放环境的大综合是必须的。在综合时，要特别注重对要素间的关系、系统的总体结构及其功能、内外环境及其变化等方面的科学认识进行精心概括和总结。科学的综合让我们看到一个又一个真实鲜活的有机整体。在历经分析与综合之后，科学假说和科学理论的提出有了较充足的科学认识基础。

抽象与形象兼备。在很多时候，提出科学假说和科学理论的能力可以被看作一种抽象的艺术。在归纳和演绎、分析和综合之后，我们可以将心中的科学假说和科学理论抽象成一些有待验证的公理、定律、公式、方程组以及与之相对应的理性阐释。当科学抽象完毕，我们似乎全然抛弃了一切虚假的、次要的、附加的东西，我们似乎看准了关于研究对象的全部本质、规律和必然性。然而，纯粹的抽象是片面的，甚至是危险的，因为它已远离真实对象，直接真实的参照物或统一体突然消失了。正如观察实验中应该渗透理性和理论一样，在提出假说和建构理论的过程中，总应该包容一系列形象和想象。针对于对象的形象思维是纯粹抽象和具体对象之间的桥梁，有了它，抽象思维便多了一种参照；有时候，合理想象和类比使成功移植某种科学思想或科学创意成为可能；有时候，形象思维对作为血肉之躯的科学家似乎更有亲和力；在今天和今后，随着计算机辅助设计能力和对象反演成像技术的不断提高，在提出假说和建立理论的过程中，我们不仅能接近真理，而且几乎能看到真相。

逻辑与直觉相通。无论在过去、现在还是将来，提出科学假说和科学理论的过程主要是一种基于科学事实的合乎逻辑的运动过程。逻辑活动的天性是深刻性、严谨性和渐进性，逻辑的这种天性能较好地与任一对象物的深层本质、严密内容和渐进过程相对应。但研究对象时常会出现跳跃和突变、表里难辨、表里不一和里外应合等复杂情形，此时，直觉（中国人爱用顿悟、觉悟、灵通等说法）可以显出它的高效和威力，而普通逻辑似乎显得有几分迂阔和无助。但是，直觉是可遇难求和难于训练的，要想具备超强的直觉或直感能力，务必在知识、逻辑、想象力、对象研究、思维转换、身心调适等方面下足功夫。这样一来，在理性与非理性、逻辑与直觉的世界中，我们都找到了通向科学的途径。

（4）检验·评价科学假说和理论的哲学指引。科学假说和科学理论问世之后，接受评价和检验的过程是必然的，这一过程未必是旷日持久的，但必定是复杂而重要的。

实验吻合。假说都期待与实验吻合，使科学假说成为科学真理；理论只有得到实验和工业的验证，才具有最终的说服力。值得注意的是，检验假说和理论的实验应该是这样的：第一，设备应尽可能先进，这样既能比对理论与对象，又能最大限度地减少误差；第二，作为检验者的实验应尽可能优越于获取科学事实的实验，以避免循环论证和不能胜任；第三，实验要重复多次，既要承受空间变换的考验，又要接受时间的考验。

逻辑圆满。在宇宙中，任何对象都是不完美却圆满的，这就要求假说和理论应尽可能逻辑圆满。这种逻辑圆满主要包括两大方面：一是自圆其说，受检的假说和理论从逻辑原点历经逻辑推演到逻辑结论终结，过程完整，结构严密，前后一贯，善始善终；二是环境友好，受检假说和理论向上与真理协调，向下有诸多推论相助，共同构成一个和谐的科学假说与科学理论的统一体。

形式之美。逻辑圆满本身就很美，但与此同时要避免理论的烦琐和臃肿。科学假说和科学理论可以做到更美。假说和理论应该具有简约之美：前设尽量精减，后续一目了然，篇幅一缩再缩。在注重效能的时代更应如此。假说和理论往往应有对称之美：对称平衡了理论，应和了人性，快速反映了真相的另一半，加倍拓展了知识的深度和广度。这样一来，科学假说和科学理论的简约美和对称美若与理性之美、逻辑之美相结合，再配以并不艰涩和令人喜闻乐见的外在形式，则该假说和理论的形式之美不成问题。

功利之好。我们反对在科学假说和科学理论问题上的极端狭隘的功利主义或实用主义，但是科学应该是追求广义功利的；假说和理论虽然并不直接带来功利特别是物质利益，但它们的功过利弊是可以预测和评估的。对假说与理论的功利的评价主要是通过对其对应技术的功利性的系统预测来实现的：技术成果是否利大于弊、经济成本是否高昂、时间成本会有多高、市场空间到底有多大、影响社会生活到底有多深远……如果某假说或理论在以上各方面是十分有利的，那么我们便应该给它以功利之好的好评。

当某种假说和理论已拥有多种优势并经科学实践反复检验为真，则某种科学发现可以宣告诞生；此时此刻，相应的技术发明和生产生活的变革也可能为时不远了。

总之，人类生活的逻辑或科学的真谛原本如此：科学的哲学是始，幸福的生活是终，科学精神、科学方法论、卓越的科学技术成果则是三位至善的中介。虽然真实的历史顺序有时错位甚至颠倒，但文明升华至今天，大的正道应该就是这样。

（严小成　傅诚德）

三、重要的科学研究方法

在长期从事的研发、管理过程中常常会听到研究者、管理者的抱怨，他们从学校来到科研单位，从辅助研究工作到承担重要研究任务，有的还进入了重要的高层研发岗位，大都没有经过科学方法的系统培训。"科学研究有什么基本程序"，"如何分析资料、提出问题"，"如何验证'假说'论证问题"，"如何搞清各种问题间的逻辑关系"，"如何抓住事物的本质和内涵"，"如何进行科学抽象、实现理性升华"等重要的研究方法都不太清楚或很不清楚，全靠自己摸索。方法就是工具，掌握研究方法对提高研发质量和工作效率可起到事半功倍的作用。

编者结合石油行业特点，介绍了七个方面的研究方法：（1）经典的方法论——三位近代科学方法论大师的研究方法；（2）最重要的理论思维方法——科学抽象；（3）发挥思维能力的有效方法——假说；（4）科学研究的基本方法——观察和实验；（5）提高研发效率必须遵循的方法——站在巨人肩膀之上；（6）提高研发团队创造力的方法——科学激励；（7）科学方法的基石——科学精神。

（一）经典的方法论——三位近代科学方法论大师的研究方法

远古时代科学方法论就有了萌芽，真正意义上的方法论的形成是与16世纪欧洲文艺复兴运动同时兴起的近代科学革命，方法论的代表人物是英国思想家、科学家、弗郎西斯·培根（1561—1626年），法国科学家瑞恩·笛卡尔（1596—1620年）和英国伟大的科学家依·牛顿（1642—1727年）。方法论经过爱因斯坦（1879—1955年）和现代科学家的发展完善已成为科学研究的重要武器。三位大师的科学思想十分丰富、发人深思，取部分精华，以供借鉴。

1. 一切科学研究必须从观察实验开始（培根）

培根认为，野蛮与文明的分界线就是科学技术知识，没有科学知识的人就是野蛮人。他厌恶只写文章不干实事的清谈浮夸之风，主张学者深入实际，实现"学者与工匠的结合"、"知识与力量的统一"，从根本上解决思想上的贫困。第一次深刻地提出，"科学就是力量"。培根从唯物主义哲学思想出发，提出了"观察、实验、经验、归纳、总结、分析、发现真理、验证真理"的思想方法。培根认为，认识自然、认识世界，必经从观察和实验开始，再结合实践经验，通过归纳、总结再分析认识规律，发现真理，再经过实践认识真理。任何科学研究都不能违反这个基本程序。特别强调一切科学研究都要认真地从观察和实验开始，这种唯物主义的方法论对当前的科学研究仍有重要指导意义。马克思说：培根是英国的唯物主义和整个现代实验科学的真正始祖。

2. 发扬科学真理的四条原则（笛卡尔）

笛卡尔认为进行任何一项研究工作，都要认真遵循四条基本原则，一是要有清晰明确的判断，把问题找准，否则不得往下进行；二是把问题分解为许多小问题，本着先易后难的原则从最容易解决的问题开始干，再陆续地"爬梯子"，最后解决复杂困难问题；三是在纷乱事物中寻求存在的秩序，搞清这些问题和事物间的逻辑关系；四是作详尽而普遍的察言观色，不得遗漏。重大发现往往出现在不经意之间。牛顿、富兰克林、巴斯德等大科学家，在回忆录中都多次提到，正是受到培根、笛卡尔方法论的启发，才走上了成功之路。

3. 科学研究的四大法则（牛顿）

牛顿是近代科学史上最伟大的科学家，他的科学研究四大法则已成为研究方法的经典名言。

一是真实性足以说明其现象，不必寻求其他原因；二是对同一类结果尽可能归为同一类原因；三是物体属性，凡既不增强也不减弱者，又为试验所证实，就视为物体普遍属性；四是把那些从各种现象中归纳导出的命题看作是完全正确的，虽然有相反结论，但没有出现更正确或例外以前应给予如此对待。

这一思想形成了现代科学方法论的基础。第一条是简单性原理。例如沉积学、地层学研究认为，深埋在5000米以下的岩层由于上覆压力和年代久远等原因，其原生孔隙空间会大大缩小，不利于油气储存。2006年当四川普光地区在深埋在6000米的储层发现了平均孔隙28%，渗透率达到10～300毫达西的优质储层和大气田时，"真实性"使得原有认识不再成立。20世纪60年代大庆油田开发初期，不少人不支持大庆油田可以从1976年的5000万吨持续高产十年的技术论证方案，1986年当目标实现后，宋振明局长在大会上说，有了这个事实，我们大庆人"站着说有理，躺着说还有理"，他的话很朴实，但符合方法论的简单性原理。第二条是自然界统一性原理。例如在不同地区实施工程钻井，凡是出现了"地层重复"的同一类结果即可归为"存在推覆断层"的同一原因；在野外观看山上的岩石露头，不论何地区，凡出现老岩层出现在新岩层上面的同一结果，亦可归为"存在逆掩断层"的同一原因。第三条是科研的客观普遍性原则。例如砂岩含油岩心经反复实验电阻率值为20～200欧姆·米，又经下井实验得到证实，可视为普遍属性，由这个规律开发的电法测井技术已成为百年以来不可替代的核心技术。第四条为科研经验基础原则。例如油气地质研究的基本方法是根据石油地质的基本原理，结合生、储、盖、运、圈、保等要素，首先从宏观和全局出发，判断油气分布规律，再在优势地区借助物探、测井、钻井等取得的信息资料，开展更加深入的归纳和分析，找到次一级的规律，形成成藏模式并以此为依据布井，发现了油气田，使模式得到证实。尽管有的规律对其他地区或更大范围并不能完全通用，但只要没有更好的适用理论和方法，这些模式即可视为正确，此判断属于正确的科学思维。牛顿的方法论在20世纪初经爱因斯坦的提炼和大力倡导，成为自然科学研究最普遍的指导思想。

（二）最重要的理论思维方法——科学抽象

1. 科学抽象的基础就是思维

思维是人脑对客观事物的认识过程，也是人类特有的活动，是通过概念、判断、推理反映客观现实的一种能动过程。有了思维活动，人们才能正确认识世界，发现规律，通过科学抽象对感性的、经验的素材去粗取精，去伪存真，获得对研究对象普遍的、本质的认识。科学思维的能力和水平是衡量科学研究者能力和素质的重要标志。

恩格斯说："一个民族想要站在科学的最高峰，就一刻也不能没有理论思维"。列宁指出："自然规律的抽象、价值的抽象，一切科学的抽象，都要更深刻、更正确、更完全地反映着自然"，说明理性思维在科学研究中的重要地位。

2. 科学抽象四个特点

一是从已知中区分出新的不寻常的东西（例如，常规的电法测井电阻率小于 20 欧姆·米的储层解释为水层，深入探索发现也有电阻率小于 20 欧姆·米的储层由于特种元素的分布与聚集，可以不是水层而是油层）。

二是从毫无联系的东西中找出它们本质的联系。例如，一头熊以 9.83 米／秒^2 的加速度掉进一个洞里，请问这头熊是什么颜色？答：只有南极、北极的重力加速度为 9.83 米／秒^2，南极没有熊，因此熊的颜色是白色。

三是认识和理解共性，总结出其中的规律。例如，"沉积旋回"和"层序地层学"。俗话说"千条江河归大海"，江河在归大海的同时也把陆地的泥沙带入海中，随着水流的减缓，形成了碎屑颗粒由粗变细的沉积。这些与水生物遗体共同沉积形成的岩石是最好的油气聚集地区。由于地球气候的变化和地壳本身的升降作用造成的海平面升降，河流入海口的位置会因此发生变化。同一地点的沉积粒度也会随着海水的升降出现由粗变细或由细变粗的现象，这些现象被归纳升华为"正韵律"、"反韵律"或"沉积旋回"的"规律"。20 世纪 70 年代，美国威尔（Va.L）等地质家，经过对大量沉积现象的进一步深入研究发现，沉积物在某一时间段实际上形成的是一套由粗变细的三维沉积体，这些沉积体随着海进和海退会发生整体位移，两个沉积体之间存在着明显的界面。这些界面具有"等时"的规律，这种被称为层序地层学的三维等时界面的科学抽象比起"沉积旋回"的"一孔之见"，更加深刻地从整体沉积结构和时间序列上反映了事物的本质，已成为寻找岩性地层油藏的重要方法。

四是高层次的抽象必能演绎出低层次的抽象，并能通过实验验证。有的河流终点不是大海而是内陆湖泊（如青海湖），"层序地层学"这种高层次抽象又被中国学者发展为次一级的"陆相层序地层学"的科学抽象。

科学抽象往往具有极大的创造性，它往往必须超越观察事实，以理论的形态出现，这正是人们发挥创造力的所在。

马克思指出："如果事物的表现形式和事物的本质直接合二为一，一切科学就成为多余的了。"这段话说得入骨三分，本质可以说明现象，现象却不能代表本质。科学研究的目的就是透过大量的现象和信息资料的搜集弄清事物本质的规律，如果研究起点是了解现象，研究终点还是综合地表述现象，就说明没有根本意义上的创新。

据观察，从石油工业部到中国石油天然气集团公司的几十年时间，许多科技成果最终还是在表述现象，抽提不出诸如层序地层学那样可以代表普遍规律的理论方法。经常在听研究成果汇报时出现"具有某某特色"，那只能表示局部经验，并不具普遍意义。有的研究者甚至认为成果不精炼是因为"包装"得不够，其实包装只解决"外表"，而科学的抽象在于本质和规律的升华。

3. 科学抽象三种途径

1) 逻辑思维

逻辑思维又称理性思维或抽象思维，是在感性认识的基础上，运用概念、判断、推理等思维形式对客观世界的间接、概括的反映过程。逻辑思维是科学抽象的重要途径之一。列宁说："任何科学都是应用逻辑"，爱因斯坦说"科学家的目的是要得到关于自然界的一个逻辑上前后一贯的摹写，逻辑对于科学家就像透视比例对于画家一样重要"。逻辑思维能力是科学家进行科学抽象的重要科学素养。科学抽象的结果必然形成科学概念，概念的形成标志着人们的认识由感性向理性阶段实现了一次质的飞跃，概念是科学理论的基本细胞，有了正确的科学概念，才能通过推理、检验形成正确的科学理论。正确概念的建立，要注意以下三点：一是注意获取研究对象的本质属性，特别是注意划清难区分的本质属性与非本质属性的界线；二是注意研究对象的外延和内涵；三是注意研究对象的"整体"和"系统"。

（1）注意获取研究对象的本质属性。研究对象的属性多种多样，但决定其本质属性的并不多。这种本质属性和对象密切联系，一旦消失，对象则不复存在。例如 "人"有众多特征和属性，可以给出多种定义：①人是"动物"；②人是"脊椎动物"；③人是"温血动物"；④人是"有意识、有语言，能够创造和使用工具的动物"。可以看出④抓住了"人"的本质。许多科研成果经常把结论下到①②③，只是说了普适性的规律，却没有抓住对象的本质属性。作为研究课题①②③的结论都应该是"不及格"（遗憾的是评审时往往都能通过）。我们还特别要注意划清较难区分的本质属性与非本质属性的界线。人除了会劳动、有意识、掌握语言，还具有人的特点的牙齿、骨骼，皮肤和头发等。因此，很容易将牙齿、骨骼、皮肤、头发等也都归为本质属性，尽管人的牙齿、骨骼、皮肤、头发与猿猴等动物都有区别，但必竟其他许多动物也有牙齿、骨骼、皮肤、头发。只有意识、语言等本质属性才能定义为人。这也是实现科学抽象的难点。

我们的地质研究经常遇到这类问题。例如，有一个项目中期检查，其成果是"建立高原、咸化湖盆油气地质理论"，主要内容是"烃源岩集中在盆地中心……疏导体系沿盆地边坡呈放射状分布……油藏呈环状集中于高部位……"没有听出什么新意，都是常规的"已有认识"。而近几年看到一份该盆地的研究成果就大不一样，抓住了"高原"和"咸化"的特点：因为"高"，形成了特有的第四系弱成岩低温热力微生物降解的生物气形成机制，使勘探深度从1800米扩展到2500米；因为"咸",建立了特有的咸化湖盆低热高效生烃模式,石油资源量增加了 19.9%,因为"高"、"寒"、"咸",细粒碎屑沉积同常规相比可延伸 10~15 千米,增加砂体面积 5000 平方米。研究者正是抓住了这些"不同点"和本质的规律,发现了油气富集新领域,已累计探明石油地质储量 3 亿多吨。

(2) 注意对象的外延和内涵。概念的外延是指适合于整个概念的一切对象范围。概念的内涵就是指整个概念所包含的一切对象的共同本质属性的总和,例如:"太阳系的行星"这个概念的内涵是指"按椭圆形轨道绕太阳运行的星球",而外延包括 9 颗大行星、1900 余颗小行星、34 颗卫星以及彗星和流星体。我们有一个研究项目,名称为"××盆地油气成藏规律与目标评价"。项目的内涵是××盆地的成藏要素及特有的成藏组合,外延可涉及生、储、盖、运、圈、保等基础学科研究的所有范畴。研究者把精力用于"组合"和"成藏",而没有泛泛地到大学去组织各种学科研究和基础研究,抓住了重点和内涵,产出了优异成果。

(3) 注意研发对象的整体和系统。学科变化、综合渗透是现代科学发展的重要趋势(对于地质研究者特别重要)。我们既需要"在最小范围了解最深的人",还特别需要能把多学科专业、各技术要素融会贯通,以简去繁、深入浅出地善于"一眼道破"复杂事物深层本质的综合性人才和善于"抓系统、系统抓",具有直觉能力的"大家"。

现代系统方法论的四条原理可以为我们提供理论指导:一是整体性原理。整体大于部分之和,把部分属性加起来,不能说明整体。二是系统性原理。系统不但包含多要素,而且包含相互作用,孤立的各个部分不能说明整体。三是有序性原理。各种相互作用形成的组织机构建立起有序性,其中的非线性不服从拆卸、加和原理。四是目的性原理。系统是动态的,在一定条件下"有目的"地趋向某个目标,这种整体行为不能还原为某要素的特殊作用。

我们的研究工作不但要善于抓本质、抓内涵、抓系统,以形成具有创新意义的科学概念,还要善于科学地表述这些概念和定义。我们经常听到某某成果形成了某某理论、技术,而这些理论、技术的表述往往用一些数字或形容词表达,如"一大两新"理论、"高效勘探"理论、"高效开发技术"、"钻井提速技术"……,通篇文章缺乏精炼的内涵和定义,只有繁杂的研究内容或过程。又如,我们经常见到的研究成果,"形成了××成藏新模式"。"模式"是一种很好的成果表达形式,既可阐述知识形态的"原理"、"机理",又可表达技术层面可操作的"指标"和"规范"。但凡创新发现了一种"油气成藏新模式",就一定要给出一个科学定义,其内涵包括特定的成藏地质背景,生、储、盖、运、圈、保等成藏要素指标和特定的时空匹配关系。目前见到的成藏模式创新成果往往缺乏这种定义和相关证据,这就影响了成果的科学价值,别人也很难推广和应用。定义是揭示概念的内涵。定义的重要使命是总结科学研究的结果,把对新事物的认识即概念中最重要的本质属性用最简练的形式表达出来,表达定义应注意四条规则:①定义应当相称。构成定义的两个重要部分——被定义的概念和定义的概念应当有相同的外延,不应当扩大或缩小,两者位置可以互换,否则,就是不恰当的。例如,"黄金是化学元素金(Au)的单质形式,相对密度13,为一种金黄色、抗腐蚀的贵金属",就符合定义原则。又如"原子核是基本粒子",这就是错误的,因为原子核是由基本粒子组成的更高层次的结构,它并非是基本粒子,两者的外延不同。②定义不应当循环。如果甲概念必须借助于乙概念来定义,就不应当反过来用甲概念来定义乙概念。例如:"石油钻井工程学是研究石油钻井工程的科学,反过来又说:研究石油钻井工程的科学就是石油钻井工程学",这是一种"同义语反复,在科学上未增添任何新内容",毫无意义。③定义不应当否定,定义应当说明对象是什么,而且不应当说明对象不是什么。例如"注水开采技术不是三次采油技术","时移地震技术不是三维地震技术"这种定义不能帮助人们明晰地掌握事物的本质,因此是错误的。④定义应当简明清晰,不应当用比喻或描述方式表达。例如"大位移水平水井是水平位移比垂直位移大得多的井",这样的定义没有形成正确的科学概念,只能给人们带来混乱和抽象化的客体。

据了解,在研发过程中当前还存在脱离系统方法而使对象本质和逻辑关系表达不清的问题。最终成果应由初级成果深化发展而成,集成成果应由多专业、多学科技术融合而成，而技术成果是理论方法成果的应用结果。这就是基本的层次结构和逻辑关系。当前研究成果的通常表述是：形成了多少项理论，多少项技术，产生了多少效果。看起来形成了逻辑关系，帽子也扣上了，但有的成果反映本质内涵的内容空洞，形成的"系统"多有拼凑之嫌。不少项目没有说清理论创新了什么，解决了研究目标中的什么认识问题，这些新理论指导开发出什么新技术，这些新技术围绕新认识和总体目标分别在技术上形成新的生产力上解决了什么问题，各项创新成果分别有多大的作用？应当围绕总目标要解决的问题，形成逻辑关系清晰、内在联系紧密的结论，以体现研究成果的本质和内涵。

　　出现上述原因同开题设计不完善也有很大关系。有的项目开题时课题间的逻辑关系论证得不够，课题与项目的集成加合作用论证得不够，比如某勘探项目目标确定为从某某年到某某年增加多少亿吨石油储量，为此安排了地质、钻井、地震、测井、地面建设等子课题，各课题目标相对独立，都是"到项目完成时为实现项目总目标攻克多少项技术"，好像各子课题的目标完成了，总项目的目标自然就实现了，实际上是缺乏各子课题创新技术集成应用的内容和集成应用阶段进度计划及时间表，使子课题的攻关目标和项目总目标缺乏集成时间、应用时间、应用地点、团队责任等有机联系，这样的项目，成果出来很难有令人信服的整体效果。

　　我们的研究工作，尤其是地质研究经常把目标定在"某某主控因素研究"，其实有的规律主控因素并不明显，或不存在，但都存在着由多因素组成、逻辑关系又十分严密的系统。任何一个环节，哪怕是系统内一个小小的环节"不作为"，整个系统功能将全部失效。1986年1月28日美国"挑战者"号航天飞机正是因为一个小小的密封垫出了问题，导致7名航天员丧生的悲惨爆炸事件。油气藏更是在漫长时间里由多因素作用形成的"产品"，其内在规律的研究方法大有讲究。

　　应该在项目设计时实行以目标为对象的系统设计和顶层设计。做到项目、课题、专题目标一致，所属关系明确、不分散；研发内容重点突出，相互融合、能渗透；研发阶段和层次结构清晰、相匹配；首席与团队责任分工明确、不交叉。

2）形象思维

形象思维的重要方式是想象，是科学抽象的另一种途径。想象是人们在原有的知识基础上对记忆中的表象，经过重新配合与加工而创造出新的形象，也可以是实际上不存在的事物的形象。这就大大丰富、发展了人们认识自然和改造自然的能力。爱因斯坦说：想象力比知识重要。康德对想象力在认识中的能动作用，作了精辟的分析："想象力是强有力地从真的自然提供给它的素材里创造出一个相似的另一个自然来，当经验对我们显得太陈腐的时候，我们同自然界相交谈，在这里我们感觉到从联想的规律解放出的自由。在这里固然是大自然对我们提供素材，但这些素材却被我们改造成为完全不同的东西，即优越于自然的东西"。

培根认为："想象因为不受物质规律的约束，可以把自然界里分开的东西联合，联合的东西分开，这就是事物之间造成了不合法的配偶与离异"。正是这些不合法的"配偶"和"离异"，为科学的发明和创造开辟了远比自然界更广阔的天地。形象思维对工程技术具有突出的意义。对改造客观世界具有重要作用，工程技术是人们改造客观世界的实践活动，一般来说，总是在符合自然规律和满足生产需求前提下，先在头脑中有意识地产生一个蓝图，产生一个形象，然后再去设计建造。

马克思在《资本论》中指出："在蜂房的建筑上，蜜蜂的本事曾使许多以建筑为业的人惭愧。但是最低劣的建筑师都比最巧妙的蜜蜂更优越的是建筑师在建筑蜂房以前，已在大脑中构成了蜂房的形象。劳动终了时取得的结果，已经在劳动开始时存在于劳动者的观念中、脑海中"。从古老的长城、天安门城楼到鸟巢、水立方、国家大剧院……都是首先体现在形象上、蓝图上，然后再建造完工。没有形象思维，没有形象思维与逻辑思维的结合，就不可能有任何的工程技术，就不可能出现人类改造世界的宏伟图景。

1964年，石油工业部抽调大批队伍会战渤海湾盆地，康世恩部长听了许多情况，发现这儿不像大庆油田那样简单，他把各方面地质专家的意见归纳为"五忽"，即"忽油忽水、忽高忽低、忽厚忽薄、忽无忽有、忽稠忽稀"。当时尽管没有新理论指导，康部长脑海中的"五忽"构成了新的蓝图，指导了一些探井获得了油气发现，以后经地质研究者的完善总结，建立了渤海湾复式油气聚集理论。

想象是人们进行创造性思维的重要方式。中国科学院首任院长郭沫若先生说："科学活动需要想象和综合的创造性。科学研究有时候需要有一分证据说十分话，要有科学预见。这是不依靠合符规律的想象。想象可以综合各种各样的研究成果来构成一种自然界没有的东西。科学研究也包含着丰富的浪漫主义精神"。法国伟大的文学家雨果（V.Hugo,1802—1885）说："想象就是深度。没有一种心理机能能比想象更能自我深化，更能深入对象，它是伟大的潜水者。科学到了最后阶段就遇上了想象。在圆锥曲线中、在对数中、在概率计算中、在微积分计算中、在声波的计算中、在运用几何学的代数中，想象都是计算的系数，于是数学（不再枯燥）成了（充满激情和浪漫的）诗。"

1958年，美国石油地质学家P.A.Dickey说："我们常用老思路在新地区找到石油，有时也用新思路在老地区找到石油，但我们很少在一个老地区用老方法找到更多石油。过去，我们有过石油已被找尽了的想法，其实，我们只是找完了思路。（不再想象）"

想象在创造性科学研究中有以下作用：

（1）想象能进行创造性的综合。它的特点全在于能以形象的方式来改造旧的经验。它既可以对两个毫不相干的实物予以联系并拼接起来而成新的事物；又可以利用我们已有的知识，经过加工处理，和某些事物联系起来而构成更新的想象，这对于人们认识自然、改造自然往往提供了新的突破口，具有较大的创造性。

1960年大庆油田投入开发，由于油层多，油水层间互，对油井开采影响很大，为此成立了采油工艺研究所，组织科技攻关。一天，康世恩部长来到研究所找到时任所长的刘文章同志，康部长蹲在地上，拿着一根树枝边画边说"能不能搞一个像糖葫芦那样的工具，下到井里分别把油层和油层，油层和水层分隔开，想调整时再抽上来换位置"。这个想法使刘文章同志大为开窍，立即组织万仁溥、于大运等同志按照康部长的思路研究技术方案，画出了图纸，三个月内第一个具有自主知识产权和先进水平的封隔器诞生了，成为大庆注水采油的一项重要技术，为此获得了国家技术发明奖，至今仍然发挥着不可替代的作用。

（2）想象是新概念、新理论的设计师。新概念、新理论的提出和形成的机制异常复杂，目前尚不能充分说明。但是，新概念、新理论的形成往往通过假说的形式。一般来说，人们总是利用已知去认识未知，在已有知识不能解释新事实，两者存在着巨大的沟壑而逻辑思维又无法应用时，想象就大显身手了。它利用人脑中贮存的各种表象和知识重新组合与新事实进行比较、分析、类比，尽量使想象的结果与新事实靠近，尽可能在某些主要方面解释、说明新事物，也可能开始时极不完善，但它指明了方向，为新事实与运动过程提出了新的模型，形成了新概念、新理论，它阐述或解释了新事物的原理或规律。它需要创造性的想象力，这就是伟大的创造，是人类独有的能动性通过想象结出的丰硕成果。

华北油田经历了三十多年高强度开采，发现的石油储量日趋下降，赵贤正、金凤鸣研发团队，提出了新的设想，认为根据生油总量目前按常规正向构造带已找到总资源量一半以上的油，勘探程度非常高，按常理负向构造不是油气藏富集区和勘探有利地区，而近一半的油气资源又只能赋存于这些地区，于是应用逆向思维，仔细在负向构造带发掘有利的储集体，经过四年探索研究，终于发现了四种新型油藏，找到2.4亿吨原油，打开了一个新局面，为此获得了国家科技进步二等奖，先有想象后有新概念，想象是新概念的设计师。这也印证了"新区可以用老思路，老区必须用新思路才能有更多发现"的找油哲学。

（3）想象鼓舞着人们为实现理想而勇往直前。英国科学家贝弗里奇（W.I.B.Beveridge）指出："想象力之所以重要，不仅在于引导我们发现新的事实，而且激发我们做出新的努力，因为它使我们看到有可能产生的后果，事实和设想本身是死的东西，是想象力赋予它们生命"。

想象所产生新的图像、新的概念、新的理论都会给科学技术工作者揭示一个新世界，它可能透露自然界的奥秘，也可能创造出有益于人们的新工具，这些都将鼓舞着人们进一步去探索、去创造。

戴金星院士在20世纪80年代研究天然气分布规律时发现，中东地区富含石油，而位于北极圈附近或高纬度地区存在乌连戈伊、格罗宁根等大气田，油却很少，经过研究认为天然气很有可能存在区块富集的特点，在他的研究报告中提出了天然气聚集域的理念（包括我国四川、塔里木、鄂尔多斯、南海在内），这个假设加大了对我国有利地区天然气资源勘探的信心，经过二十多年的勘探实践，当年的预测基本得到了证实。

想象中的新图像、新概念是以一定的科学理论和经验作基础，虽然它还不够完整和系统，但已初露端倪，有一定的合理性，因而成为人们前赴后继发展科学的推动力。当然，通过想象（形成的各种形象）并不能直接提供科学成果，也不是万无一失的，丰富的想象必须和人们的批判力、鉴别力以及孜孜不倦的奋斗精神相结合才有可能实现。否则想象也可以把我们引入歧途。

因此，只有把想象与事实结合起来，运用人们已有的各种理论及经验知识加以判断，才能指明它的发展方向。想象没有判断的帮助，不是值得赞扬的品格。因此，在对待想象的问题上，也必须持科学态度，想象要倾听实践的呼声，接受正确理论的指导。

科学技术的发展说明，它应是逻辑思维与形象思维相结合的产物。而形象思维往往能使人们迅速、清晰地透过繁杂的现象，掌握事物的本质，并建立起数学模型求解。没有形象思维的自然科学技术将是不可想象的，它会使人们感到烦琐枯燥，无所适从。而形象思维在发展人们的创造性方面更有特殊的作用。它是今天自然科学迅速发展的重要因素，也是现代技术为人们提供千姿百态的奇异产品的重要保证。

3）直觉和灵感

科学抽象过程除了逻辑思维与形象思维，还存在第三种特殊的思维途径——直觉和灵感。它们的出现往往带有突发性、跳跃性、缺乏自觉性等特点，这类思维往往具有较高的科学创造功能。

爱因斯坦说："我相信直觉和灵感"。"物理学家的最高使命是要得到那些普遍的基本定律，由此世界体系就能用单纯的演绎法建立起来"。他在谈到灵感时指出：从1895年就开始思考"如果我以光速追一条光线将会找到什么"？十年来一直找不到答案，1905年一天早上起床时，突然想到：对一个观察者来说是同时的两个事件，对在其他惯性系上别的观察者来说，说不定是同时的。狭义相对论就在这个灵感的火花中诞生了。

直觉和灵感对科学创造的作用：

（1）在科学创造中，直觉和灵感能够帮助我们从不认识的新事物中，提炼"物理图像"或形成"工作简图"。这是认识物质世界的关键一步，有了它，才可能形成新的概念进行数量分析、建立方程式求解。这一关键的步骤很少能用逻辑思维来完成，它需要直觉和灵感。

分子生物学出现的标志——DNA双螺旋结构的发现，就是沃—克里克（J.D.Watson，和F.H.C.Crick）最初提出的DNA三链螺旋结构与实验事实背道而驰的情况下，去英国皇家学院求教X-衍射专家威尔金斯（M.Wilkins）和富兰克林（R.Franklin，1920—1958年），受到生物成对性的启发，在回家的路上，J.D.Watson突然想到DNA的结构可能不是三螺旋，而应是双螺旋。他写道："我骑自行车回到学院，并且从后门爬了进去，这时我才决定要制作一个双链模型。F.H.C.Crick不得不同意，虽然他是一位物理学家，他会懂得重要的生物体都是成对出现的。"他们抽象出双螺旋模型后，F.H.C.Crick又敏感地直觉到它的碱基互补性应是解释生物遗传复制机制的钥匙，这个DNA的双螺旋图像又帮助他们进一步用于抽象解释生物的遗传机制，并获得了巨大的成功。直觉、灵感往往是将已有的知识和新的研究对象联系起来，沟通认识的重要渠道，当然这两者之间可能看来是相隔十万八千里，风马牛不相及。这样大幅度、跳跃式的认识对创造性的科学研究具有重大意义。

（2）在科学创造中，科学家依靠直观进行选择。创造性的思维活动一般总从问题开始。所谓问题，一般是指有了矛盾，有多种解决矛盾的可能方式。法国数学家彭加勒（J.H.Poiucare，1854—1912年）说过："所谓发明，实际上就是鉴别，简单说来，也就是选择"。这样说来，似乎过于简单了，但发现和发明创造的过程往往就是在各种可能性中进行选择，这往往取决于科学技术人员直觉能力的高低。

炼油化工专家伏喜胜教授的研究团队发明的新型齿轮润滑油就是先从机理入手，解决了用不伤害金属表面的"齿轮膜"代替通常的"反应膜"的机理认识问题。再从 200 多种化合物，20 多种方案中研究和选择生成"反应膜"的技术配方，经过 5 年的探索，终于发明了一种能够解决齿轮在极端压力下不伤害齿轮金属表面的新型齿轮油，极压性能提高了两倍。获得了美国和中国的发明专利，荣获国家技术发明二等奖。

（3）直觉、灵感在科学创造中能产生新思想，新的概念和理论，对科学发展有重大战略意义和深远影响。科学家们能在纷繁复杂的事实和材料面前，敏锐地觉察到某一类现象和概念具有重大意义，因而预见到将来发生重大发现和创造的可能性，这种直觉被称为"战略直觉能力"，康世恩部长的"五忽"就是凭"直觉"，从"现象"抽提出来的"新概念"。我们许多大油气田的战略发现井，如大庆油田发现井——松基 3 井，任丘油田发现井——任 4 井，大港油田发现井——港 8 井，长庆气田发现井——陕参 1 井等都是来自具有战略直觉能力、资深地质家的正确判断，这种判断可以决定科学研究的战略成败。我们认识的直觉、灵感的生理心理机制是人们知识因素和大脑思维运动逐渐积累和发展到一定关节点上迅速综合而产生的质的飞跃，因此，要正确认识和对待，直觉和灵感才能产生，捕捉到直觉和灵感。如何产生和捕捉直觉和灵感？

①直觉和灵感的产生是立在丰富和专门的知识储备之上。

②直觉和灵感的出现存在于对问题寻求解答的反复思考和艰苦探索过程之中。

③直觉和灵感的出现是在对各种科学方法、思维方法达到十分娴熟的程度以致可以毫无意识地进行选择和运用的程度之后。

④直觉和灵感往往产生于紧张工作后的思想松弛状态，而且是以闪电的形式出现，一般是来去匆匆。因此要注意劳逸结合，并养成随时记录直觉灵感的习惯。

直觉和灵感在科学创造中有极重要的作用，应当引起我们的重视，但是它的基础仍然是丰富的知识、艰苦的劳动和旺盛的求知欲，不能等待在梦幻中创造科学奇迹。

（三）发挥思维能力的有效方法——假说

假说是科学发展的重要形式，也是科学研究的重要方法。从假说的形成到假说向理论的过渡，是一个充满矛盾的极其复杂的过程。探讨其中的认识和方法论问题，对顺利进行科学研究具有重要意义。

恩格斯在《自然辩证法》中对假说在科学发展中的作用作了高度的评价和精辟的概括："只要自然科学在思维着，它的发展形式就是假说"。"一个新的事实被观察到了，它使得过去用来说明和它同类的事实的方式不可行，从这一瞬间起就需要有新的说明方式"。

1. 假说的基本特征

假说具有以下基本特征：

（1）具有一定的科学根据，任何假说虽然都是猜测性的，但又都有一定的事实理论作根据，并能解释与它有关的事物和现象，还应避免与它引为根据的已有理论相矛盾。

（2）具有一定的猜测性、假定性和或然性。科学假说虽然有一定的科学根据，但开始研究问题时，根据常常不足，资料也不完备；对问题的看法是一种推测，还没有经过实践的检验，是否正确还不能断定。所以任何假说都带有猜测性、假定性的成分，其结果是或然的，因而它与理论不同。理论是通过了检验被确认为真理性的认识，而假说只是待检验的或然性认识。

假说对推动石油科学进步十分重要。石油行业是采掘行业，其业务目标是发现和获得更多的油气资源，地球科学是石油科学的基础，地球科学因其时代久远，对象的巨大和深不可测，至今仍然依靠间接的地球物理信息（地球物理勘探行业严格意义上应定义为信息行业），局部的井下岩心观察和地面出露岩石的观察判断地下地质情况和油气分布状况。恩格斯在《自然辩证法》中提出："世界上有两门科学——地质学和天文学，它们只能逐步地接近相对真理，因为它们是靠谁也没有经历过，而且今后不可能再有人去经历的过程的残缺不全的遗迹去作科学的结论"。地质研究者提出的任何地下"规律和模式"都是假说，尽管在假说没有完全被证实又没有新的假说替代，可以认为它是正确的。

20世纪60年代，时任石油工业部部长的康世恩同志就提出"我们的岗位在地下，斗争的对象是油层"，就是提倡石油工作者要始终保持强烈的找油欲望，大胆设想，小心求证不言败。

石油工业部的后任部长王涛博士有很高的地质学历背景，20世纪60年代，渤海湾地区石油勘探会战初期，王涛博士就富有想象力地把渤海湾地区的地下构造分布描述为"一个盘子摔在地下又踢了一脚"，启发了人们的思维。王涛部长常说，面对这么大而深奥的地球，我们的认识还远远不够，不能轻言放弃。"脑子里没有油怎么会找到油"，两任部长的科学态度为推动油气发现起到了重要作用。

2. 假说是发挥思维能动性的有效方法

人们对未来领域的探索常常带有很大的盲目性。但人类的任何活动都是在一定思想指导下，为实现某种目的行动，这是能动性的一种表现。这种目的性和盲目性、主观与客观的矛盾的解决，常常采用假说的形式。在研究课题确定后，如何着手研究？

首先要在已有的知识与材料调研的基础上，对问题的解决有所猜测和计划，确定观察内容，收集有关资料。虽然最初的猜测有很大的试探性、粗糙性，但没有它就无法进行科学研究工作。这种猜测可以说是假说的萌芽形态。在它指导下收集资料的过程，同时又是检验它自身的过程。根据进一步收集到的资料，对它做出修改或提出新的猜测来代替它，这个过程不断地进行，直到主客观一致，问题得到解决为止。人们就是这样借助于已知的认识，向未知领域试探着前进。

假说是发挥思维能动性的有效方式，是智力活动的主要手段，是自然科学的思维形式，它使研究工作带有一定的自觉性。

3. 假说是科学认识发展的必要环节

假说不仅是科学研究的方法，而且也是感性认识向理性认识、主观认识向客观真理过渡的必要环节。由于主客观矛盾的存在，无论感性资料是否正确和充分，经过思维加工、科学抽象，形成的认识都包含着猜测成分和错误的可能，这些主观因素中不符合实际的部分不可能在思维范围内解决，只有通过实践检验才能鉴别和剔除，使其转化为理论。自然科学就是沿着假说—理论，新假说—新理论……这个发展途径，日趋丰富和完善。

4. 不同假说的争论有利于科学研究的深入和发展

假说还可唤起众说，促进不同学说、观点的争论，有利于学术的繁荣和科学的发展。提出不同假说的各家都力图证明自己的观点正确，以便说服或驳倒对方，这样就会使事物的不同侧面得到更充分的挖掘与揭露。通过争论，揭露矛盾，可以启发思想，打破习惯性思维的束缚，有利于开阔思路、克服缺点，促进科学研究的深入。

地球科学的假说国外学者居多，中国也有许多学说，例如李四光的地质力学、张文佑的断块构造说、黄汲清的多回旋构造说、陈国达的地洼学说、潘钟祥的陆相生油说、吴崇筠的陆相沉积论、胡朝元的"源控论"、李德生的"箕状凹陷论"、庞雄奇和李丕龙的相势与源聚油理论等。2000年以来围绕四川罗家寨和普光气田的发现，对其沉积背景是海槽还是陆棚存在着不同的观点，大庆宋芳屯气田某些气井是有机气还是无机气也有不同见解，等等，这些假说和争论对推动科学理论的发展都做出了积极的、重大的贡献。

5. 提出假说应遵循的原则

（1）解释性原则，这是指假说与事实的关系。一般来说，提出的假说不应与已有的事实冲突，它应能对它们作出统一的说明与解释。

（2）对应性原则，这是指它与已知理论的关系。假说不应与已有的理论矛盾。若发生矛盾，调整的一般顺序是先小后大、先易后难。在不得已的情况下，开始提出假说时，也可暂时不顾及理论的相容性，但最后，新假说取代旧理论时，它应继承旧理论中被实践检验过的合理内容，并把旧理论作为特例、极限形式或局部情况包含在它自身之中，使它在从前研究的领域内仍保持其意义。

(3) 简单性原则，这是指新假说应具有逻辑上的简单性。即它所包含的彼此独立的假说或公理最少，而非理论内容上的浅易，数学形式上的简单，应该注意不断清洗和精炼假说的内容并使它们协调一致，以便采用最少的假说前提说明更多的现象。

(4) 可检验性原则，提出的假说原则上要能够用观察、实验进行检验。这样，才能判定它的真伪。不可检验的假说是不科学的，也是不可取的。

（四）科学研究的基本方法——观察和实验

观察和实验是人类科学认识中的重要实践活动。作为一种科学方法，它是随着近代自然科学的发展而发展起来的。观察和实验方法是科学研究中一种最基本、最普遍的方法，它是认识主体获得感性经验和事实的根本途径，也是检验和发展假说的实践基础。观察和实验在科学认识论中占有重要地位。

1. 观察

观察是人们通过感官或借助一定的科学仪器，有目的、有计划地考察和描述客观对象的方法。一般是在自然发生的条件下，在对观察对象不加变革和控制的状态下进行的直接观察。在人为干预控制对象条件下的观察是实验观察。

(1) 直接观察。指直接通过感官考察客体的方法。它的优点是直观、生动、具体，避免了其他中间环节引起的差错。

20世纪初德国科学家魏格纳从地图上发现美洲与非洲的凹凸部分可以对得上，使两个大陆成为一个整体，又发现某些候鸟的化石不以南北极为导向，而是"曲折"飞行，由此提出了"地壳破裂"、"大陆漂移"的科学假说，随着物探、钻井技术的进步，20世纪60年代被证实成为人类重要科学发现之一。伽利略是比萨大学一个医科学生，他在教堂参加例行的祈祷仪式时，被吊灯链条的摆动所吸引，发现其振幅尽管越来越小，但往返摆动一次所用的时间差不多是一样的。这千万人都司空见惯的现象导致伽利略对钟摆的研究，并由此提出了著名的单摆等时性原理。南疆库车地区岩层破碎，山峰直立，但经过科研人员的仔细观察，发现存在 300～500 米厚的膏盐地层，无论构造如何变动，这种塑性地层都具有极好的密封性能，为科学地布井钻探提供了重要证据，发现了克拉 2 特高压大气田。20 世纪 70 年代，裘怿楠、薛培华团队到河北省拒马河流域有计划地在地表挖出"探槽"，实地观察现代河流因河道变迁形成的砂体沉积规律，大量的观察资料形成了模板、建立了模型，用于指导我国东部地区古近—新近系河流相储层为主的油藏开发发挥了重要作用。

直接观察对于地质工作者是最重要的基本功，老一辈地质家常年风餐露宿在野外，他们边走边观察，时而拉皮尺丈量，时而用罗盘测量，时而用榔头取下岩石，并实时画出精美的地质素描，把各类岩层的关系及构造、断层都表示得十分清晰。地球物理技术十分重要，但只能提供地下信息，通过钻井可从井下取出岩心，但只能看到宏观地质体一个小小的局部，而野外观察可以为地质研究者提供三维的地质景像，十分有用。这个基本功现在已大不如前了。孰不知，尽管计算机技术可以把各种地质图件做得十分"逼真"，真实的地质体才是基础和本质。

（2）间接观察。指人的感官通过仪器观察客体的方法。如果说工具是人类四肢的延长，那么仪器就是人类感官的延长。它扩大了感官观察的范围，提供了准确的观察手段。间接观察扩大了认识的范围，它生动地证明了世界上没有不可认识的东西，而只有尚未被认识而将来可能认识的东西。

例如借助电子显微镜可以看到储层孔隙喉道等细微结构；借助色—质联用等仪器可以分清物质的成分和构成并以此判别储油层中原油的成分，通过油源对比，勾划出油气运移的方向，为判断油气聚集的部位和规模提供重要依据；借助冷热台—荧光仪等仪器，可以在古老的沉积地层中通过共生的微小包裹体精确识别当时的温度、压力及流体性质等重要参数，从而对储层成岩过程和油气充注过程做出有根据的判断；借助核磁共振仪可以准确快速描述岩石内部孔隙与喉道结构的三维分布和油气水的分布；借助镜质组反射测量仪和裂解仪可以定量判断沉积岩石在远古时代的油气生成的时间、成熟度和油气生成量……

正如医生看病需要先开一些诸如 B 超、核磁、心电图、血液生化检测等单子，再根据各种"间接观察"的结果综合判断病情，以对症下药（现在看中医也要开这些单子了）。地质家判断油气藏的存在同样需要对地震、重力、磁力、电法、遥感、测井、钻井以及野外岩石露头等各种信息进行间接观察、综合判断，可见间接观察能更加精确和多样地反映自然界的本来面貌。

（3）观察是科学研究获得感性材料必不可少的环节。观察客体所得的各种事实和材料是科学研究的基础，是科学家一切发明创造的出发点。俄国著名化学家门捷列夫说过："科学的原理起源于实验世界和观察的领域，观察是第一步，没有观察就不会有接踵而来的前进。"

观察不仅是科学认识发展的基础和源泉，而且对检验科学假说、发展科学理论具有决定性的意义，是检验科学知识真理性的标准。科学上任何重要的理论当它未被验证时都只能是假说。爱因斯坦在 1915 年提出广义相对论时，许多著名的物理学家都很不理解，直到 1919 年爱丁顿通过日食观测证实了广义相对论的推论，一夜之间，爱因斯坦成为最著名的、众人皆知的伟大科学家。由于广义相对论可被观察检验的事例比较少，至今也还有人把它称作假说。

太阳系学说提出后的三百年之中，一直是一种假说，这个假说尽管有百分之九十九以上的可靠性，但毕竟是一种假说。当勒威耶（U.J.J.Leverrier，1811—1877 年）从太阳系学说所提供的数据，不仅推算出还存在一个尚未知道的行星，而且还推算出它在太空的位置，后来伽勒（J.G.Galle，1812–1910 年）确实发现了这个行星的时候，哥白尼的学说才被证实。科学家们历来都十分重视观察实验在科学认识中的作用。法国著名微生物学家巴斯德（L.Pasteur,1822—1895 年）说过："在观察领域里，机遇只偏爱那种有准备的头脑"。在观察时机遇只偏爱有准备的头脑的含义，还包括研究者必须有敏锐的识别能力，才能使那些意外发生的事件被捕捉到。要勤于观察、留心意外的现象，才可能对机遇提供的信息及时发现、抓住不放。在历史上，许多重大科学发现公布之后，常常使某些人后悔莫及，他们在此之前已经观察到这样的事件，只是未引起重视而已。

2．实验

实验是非常重要的科学实践活动。实验方法是人们根据一定的科学研究目的，运用一定物质手段（通常是科学仪器和设备），在人为控制、变革客观对象的条件下，通过实验观察获取科学事实、探索、研究其本质和规律的方法。

实验方法比观察方法能获得更多的科学事实，具有更多的优越性。实验是一种主动的观察，能更好地发挥人的主观能动性。实验不仅和观察一样，是检验科学假说与理论的实践标准，而且比观察方法能更有力地揭示事物的本质，证明其客观必然性。

科学实验已从生产实践中分化出来形成独立的实践活动，有着生产实践无法代替的功能。近现代新的科学理论都是在一定实验基础上产生的。实验又是科学理论运用于实际生产的桥梁和中介。现代新的技术成果大都是运用一定科学理论在实验室发明创造的。从第一只真空管到第一只克隆羊，从水驱提高石油采收率、高分子聚合物驱油提高石油采收率，到注蒸汽提高稠油油藏采收率等，成功的工程技术都是从实验室开始。

实验是在变革自然的条件下进行的，它可以突破自然条件的限制，人为地控制和干预自然（核裂变、核聚变），以达到认识自然或事物本质的目的。对于某些极端复杂或已事过境迁、无法再现的自然现象，可以通过实验的方法进行研究（生物的遗传、生命的起源）。

实验是一种有计划、有目的的向自然界索取某种预期的东西的方法，是一种改造自然的实践活动，其实验结果运用于生产将带来直接的经济效益。实验方法在揭示事物的客观必然性及其本质的运动规律方面有重要的意义。

许多自然现象，有时单凭观察所得的经验无法证明其必然性。必然性的证明是在人类活动中，在实验等实践中实现的，在现代科学研究中，实验方法和实验手段具有非常重要的意义。由于实验中控制装置、测试记录、显示装置或直接作用于对象的发生装置等实验手段的革新，往往带来科学上的重大突破。据统计，获诺贝尔物理学奖的成果，60%

都来自新的实验技术，实验技术水平也是判断一个国家，一个行业科学技术水平、科技创新能力和科技竞争力的标志。

　　实验方法的主要特点：（1）实验方法可以简化和纯化研究对象。由于自然界的事物或生产技术系统常常是各种因素相互作用交织在一起，它们与周围环境相互联系，因而其现象是十分复杂，其中哪些因素是主要的，哪些是次要的，也常常无法直接辨别。若将研究对象置于严格控制的实验条件下，把自然过程或生产过程加以简化和纯化，排除各种偶然因素、次要因素和外界因素的干扰，使对象的某种属性或联系以纯粹的形式呈现出来，以便于揭示其在自然或生产过程中的客观规律性。例如，影响西气东输管线输气量的因素有压差、流量、管壁阻力、温度等，通过实验可以把每一种因素的作用分别测量和表述出来，从而得出了减少管壁阻力可以较大程度提高输气量的结论，为此立项，李国平团队历经十年攻关，发明了具有世界领先水平的原创性减阻剂，获国家技术发明二等奖。（2）实验方法可以强化实验对象，有些事物和生产过程常常处于某种稳定状态，为了要揭示其变化的规律或本质，要在特殊的条件下强化研究的对象，如超高温、超低温、超高压等条件下，可以发现在常温常压条件下许多材料所不具有的性质。1911年荷兰物理学家卡曼林—昂尼斯（H.Kamerlingh-Onnes,1853—1926年）首先发现汞在4.173K（超低温）以下时失去电阻，并初次称之为"超导性"。后来陆续发现许多金属、合金和化合物在温度低于其临界温度（即物体从正常过渡到超导态，发生这种相变的温度）时，都会出现超导性质。（3）实验方法可以加速延缓、再现或模拟某些自然过程。又如对于已成为历史的，或规模巨大的自然现象，或在自然条件下变化得过缓或过快，均可通过模拟实验再现这些过程。1995年为了研究莺歌海高压气田成藏过程，董伟良、单家增团队采用原始岩心做成模拟地层，每2厘米代表一个百万年的沉积厚度，经实验，由于气流的涌动，塑性泥质沉积物向上挤压加厚，出现了"底辟"现象，有的还可连续刺穿上面的两套储油层，这个实验与地震资料解释基本相符，较好地解释了古老构造的形成和油气聚集的过程。(4)实验方法还是一种经济、可靠的认识自然和变革自然的方法。人类对自然界的认识和实践过程是一种探索性的活动。它可能要经历曲折复杂的，多次的失败以后才能获得成功。而实验方法相对于生产或其他实践环节来说，规模较小、周期较短、费用较少，即使发生多次失败，一般损失较小。且实验条件和实验对环境及人身安全的影响而言，比生产易于控制，因此在各种技术领域，新产品的试制都是要经过多次实验研究和检验其产品的性能。在自然科学研究中，新的发现和新理论的提出，也常常是在实验研究的基础上产生的。实验方法的这些特点决定了它是科学研究中普遍应用和不可缺少的方法。

3. 中间试验

中间试验指"经过初步技术鉴定或实验室阶段取得成功的科技成果到生产定型以前的科技活动"。内容可概括为四点：（1）中间试验的本质是一系列的具体技术试验，是一种科技活动；（2）中间试验是一个过程，起于实验室取得成功之后，终于生产定型之前；（3）中间试验要建立一定装置、机组、车间或实验基地，要在近似于生产的环境中进行；（4）中间试验的目的是验证、改进实验室成果，使技术成熟，以便把实验室成果推广到工业生产中去。

中间试验可分为功能试验、结构试验、工艺试验和运行性能试验。功能试验主要考察产品内部结构中各元件、组件与功能各项指标的关系，以此选择合适的元件和组件，还要考虑生产工艺、装备质量与产品功能的关系，并确定最佳生产工艺方案和装配标准。结构试验是观察、研究和验证技术系统结构或构件在载荷或环境条件下的状态和耐受能力的试验，中试阶段结构试验侧重于整体性、综合性，通过结构试验，为结构设计的改进、完善提供可靠的依据和保证。工艺试验是评价和鉴定技术产品研制和生产过程中工艺方案的试验，通过工艺试验，为工艺路线、工艺规程、工艺装备等的改进、定型找到客观依据。运行性能试验指技术产品在实际环境条件下的各种运转试验，以检验和鉴定其是否符合各种技术性能指标，通过不同生产工艺过程所要产生的技术系统的性能之间关系的试验，以选择设计一个对实现设计所要求的各项性能指标的最优的生产工艺方案。

中间试验阶段要建立类似于实际生产的设备和设施，试生产的过程也是单项新技术集成配套的过程。不但验证单项新技术的性能，还要对配套的相关技术进行改进完善，最终形成新的生产规范、新的标准和新的知识产权。中间试验成果需具备以下五条内容：提交中间试验的工艺、装备、结构、流程（与原技术相比）新颖性和先进性分析报告；提交符合中试批量要求的试验基础数据、图表分析报告；提交与小试相比应用条件的改进与变化分析报告；提交技术性能指标与技术经济指标对比分析结果；提交工业化试验所需数据包，工业化试验的设想方案。中试成果是对技术原型或小试技术的验证、完善和配套，验证有证实、证伪两种可能，证伪也是一种成果，证实可行即可行即对小试技术进行完善配套，并推进形成新的生产系统。

技术创新由研发、中试、工业化三个阶段组成一个不可分割的"链"。有人比喻，研发投入为1，中试需投入10，工业化的产出效益可达100。这种价值链早被发达国家所认识并从体制上得到解决。而我们以往的研发项目得不到10份钱，做不起中试，中试有风险，企业家又不愿意出这10份钱，国家也始终缺乏这方面专门的制度和政策。

大庆油田做出了表率。改革开放30多年，大庆油田三次获国家科技进步特等奖，8次获国家科技进步一等奖，依靠四代技术确保了油田继5000万吨稳产27年后，又连续10年实现原油4000万吨以上持续稳产。其中一个重要原因就是从油田开发初期就形成了从技术原型→小试→中试→工业化试验→全面应用的技术创新完整链条。

以大庆油田聚合物驱油技术为例。1982年油田综合含水已达85%，了解到美国有高分子聚合物驱油技术并开展了现场实验，决定引进外国化学剂，展开符合大庆储层条件的适应性研究，1990年研制成产品原型，开展了单井组试验，并配套开题进行注入工艺、特种计量仪表及地面工程等配套技术攻关。1992年在单层区和双层区进行了扩大试验。1994年进一步在北一区断西和喇嘛甸南块开展80个井组的大规模工业性试验。1996年形成了成套的新规范、新标准，获得了同水驱相比提高采收率10个百分点的技术经济增量指标，年均纯增油1200万吨。至今已累计增油1.2亿吨，并形成了具有国际领先水平的24项核心专利技术。

（五）提高研发效率必须遵循的方法——站在巨人肩膀之上

做好研发工作由各种因素决定，比如需要好的团队，好的工作条件，好的学术氛围等，但最重要的一条就是做好开题设计。爱因斯坦说："提出一个问题往往比解决一个问题更重要，因为解决问题也许仅仅是一个数学上或者实验上的技能而已，而提出新的问题却需要创造性的想象力，标志着科学的真正进步"。中外许多著名的科学家都认为"有了好的开题，研究工作就成功了一半"。伟大的科学家牛顿毕生有五大科学贡献，他发现了三大定律，还发明了反射式望远镜和微积分，有人说只要有一条就可称之为世界级大师。请教牛顿有什么成功秘诀，牛顿说，"我的秘诀就是站在巨人肩膀之上"，这个回答就像他的 $F=ma$ 一样，既简练又深刻。

我国古代伟大哲人孔子有一条至理名言："学而时习之，不亦说乎？有朋自远方来，不亦乐乎？人不知而不愠，不亦君子乎？"强调要善于学习、更不能忘记复习，复习才能更好地消化别人的知识；特别要欢迎远方来的朋友，会带来新鲜的知识和信息；哪怕是自己学到了许多但不被同事或者领导看好（而表扬或者重用了别人），也毫不郁闷，这才是正人君子啊，深刻地表达了正确的学习方法和学习态度。

孔子曰："温故而知新"。无论是知识创新还是技术创新，都强调一个"新"字。不温"故"何以知"新"，道理很简单，但很深刻，这些话我们耳熟能详，实际做起来差距却很大，要解决科学研究上的浮躁和急功近利，就要大力提倡科学的方法论。要"温故"，要"站在巨人肩膀上"，向"高"人学习，掌握"高"人的知识，才有可能超越"高"人。

根据编者对国内外优秀研发团队和科学家的认知和了解，提出以下解决方案：一是无论是大项目，还是小课题，凡开题前必须严格审查是否找到了国内外最新、水平最高的同类研究成果，并以不同形式给予认定，不认定不得往下进行。二是把这些最新研究成果印发给团队每一位成员。三是每人背靠背写成一份开题前的期前报告。（1）一般开题报告提纲如下：①前人最新成果推理的依据是什么？是否充分？②前人最新成果对原有理论继承了什么？肯定和否定了什么？论文的新贡献何在？③前人最新成果怎样解决原有理论不能解决的矛盾？④前人最新成果提出的新理论方法能够预见什么新的现象？这些新现象用原有理论如何解释？这些新现象能否用实验加以证实？⑤提出并弄清前人最新成果的局限性。（2）如果是实验研究，开题报告提纲如下：①实验依据的基本原理是什么？理论是否合理？②所用的实验设备和方法是否可靠？是否准确？造成误差的可能因素是否全部考虑到了？误差是如何估计和如何降低到最小的？③与原有的同类型实验研究相比，所用的实验设备和方法有哪些改进？提出了哪些结果？准备程度有多大提高？发现了什么新的现象和苗头？④新的实验现象和结果，能否用原有理论解释？作者是如何解释的？这种解释是否合理？⑤实验结果验证了原来某一假说的哪些内容？还有哪些内容不能验证？根据新的实验结果，应该如何修改和发展该假说？四是聘请同行专家主持召开第一次学术交流会，团队每个成员皆宣读论文，给予平等机会，相互启发。五是学术委员会做出评定，最有深度见解的成员可以调整为承担重要研究任务。

学习前人的知识是科学探索的起点和"第一步"，光有知识可以当教授，而当科学家就必须对已有知识提出问题，挑出毛病，因为科学的起点就是问题，问题就是对已有知识的挑战。编者接触的一位美国著名科学家在参与科学技术成果评审时说，在国际上评委的责任就是六个字"提问题，挑毛病"，提不出问题，挑不出毛病的专家往往都要限期出列，因为科学之所以伟大正是因为它能够在不断证伪中发展和净化自己。

历史的经验告诉我们，讨论和思想交锋可以促进直觉和灵感的产生，直觉和灵感往往是人们思想处于"受激"状态下的产物，不同学术观点的思想交锋和讨论是激活直觉、灵感提升科学创造力的重要方法。在开题时就"带一个好头"，活跃学术气氛，创造民主氛围，采用这样的方法,对于提高研究工作起点,少走弯路,提高研发效率,将会起到事半功倍的作用。编者认为,在当前不得不快开题的体制下,开题后先花些时间认真分析,消化前人最新成果,对技术路线做出一些调整不失为一种好的选择。

(六)提高研发团队创造力的方法——科学激励

古往今来,不同国家、不同行业都有奖罚制度,奖优罚劣天经地义。但如何奖,如何罚却大有学问。奖励有精神奖励和物质奖励,精神奖励包括授予优秀共产党员、劳动模范、先进工作者、两院院士等称号。物质奖励包括奖金、津贴、旅游、发一些物品等等。种类繁多的奖励是不是都起到了应有的激励作用,有些奖励正作用大还是副作用大?研究这些问题对于科技创新密切相关,本书结合有关激励理论并提出一些有利于激励创新的建议。

1. 马斯洛的层次"需求理论"

为什么人会有某种行为,这是研究激励的一个关键性问题。对此,人们提出了许多不同的答案,例如"需求的满足"。凡人都有不同的需求,也都要求得到满足。有了需求,才能促使他有目标导向的行为。

美国心理学家亚伯拉罕·马斯洛认为人类的需求以层次形式出现,由低级需求开始逐级向上发展到高级需求。他断定,当一组需求得到满足时,这组需求就不再成为激励因素了。他将人的需求分为生理需求、安定或安全需求、社交和爱情需求、自尊与受人尊重需求以及自我实现五个级别的需求。由于每一个人的需求各不相同,因此主管部门必须用适宜的方法来对待人们的各种需求。要注意这些需求的个性、愿望和欲望。人们在不同时段的需求会发生变化。因为绝大多数人具有马斯洛需求层次中的全部需求。

马斯洛强调并不是某一层次的需求获得百分之百的满足,次一个层次的需求才显示出来。事实上,社会中有许多人,他们的各项基本需求只可能有部分的满足,在人们的需求层次中,应有一个比较确切的描述,即从较低的层次逐级向上,满足的程度百分比逐级减少。例如某人低层次的生理需求满足了85%，同时被尊重的需求满足了40%，而其自我实现的需要仅仅满足了30%，也可能他就十分满意。

需求的层次，以生理的需求为基础。生理的需求，即为支持生命之所必需，包括衣食住行等项。一个人如果缺少了这一类基本生活必需品，那么生理需求将是他主要的激励。马斯洛说："一个人如果同时缺少食物、安全、爱情及价值等项，则其最为强烈的渴求，当推对食物的需求。"

生理需求得到了基本的满足之后，安全需求便将接踵而至了。安全需求经常包括人身安全、经济的安全以及有秩序、可预知的环境，例如工作及职业的稳定。人的生理需求和安全需求得到了基本的满足，社交和爱情的需求便将成为一项重要的激励因素了，人皆需要别人的接受、友谊和情谊；也都需要对别人付出其接受、友谊和情谊。人皆需要感受别人对他的需要。独房监禁是一项重罚，剥夺囚犯的社会需求，心理学分析是最痛苦的。

人在生理需求、安全需求、社交和爱情需求均已获得了基本上的满足后，自尊需求又成为最突出的需求。所谓自尊需求是双重的：一方面当事人必须自己感到自己的重要性；另一方面也必须获得他人的认可，以支持他自己的这种感受。他人的认可特别重要，如果不能获得他人的认可，那么当事人也许会觉得他自己是在孤芳自赏。如果在他周围，人人都明白地表示他确属重要，他就能由此产生自我价值、自信、声望和力量的感受。

在这一份自尊需求有了基本的满足之后，自我实现的需求又接着出现了。自我实现是什么？马斯洛认为是这样一种欲望，即人希望能成就他独特性的自我的欲望，或是人希望能成就其本人所希望成就的欲望。在这一个需求层次中，人希望能实现其全部的潜力，他重视的是自我满足，是自我发展和创造力的发挥。

应该注意的是，马斯洛所例举的需求各层次，绝不是一种刚性的结构。所谓层次，并没有截然的界限，层次与层次之间往往相互叠合，某一项需求的强度逐渐降低，则另一项需求也许随之而上升。此外，可能有些人的需求始终维持在较低的层次上，而马斯洛提出的各项需求的先后顺序，不一定适合于每一个人，即使两个行业相通的人，也并不见得有同样的需求。

马斯洛理论，最大的用处在于它指出了每个人均有需求，而且需求者有不同层次。

2. 赫茨伯格的双因素论

美国心理学家赫茨伯格和他在匹兹堡的心理学研究所的研究人员，通过研究提出了"双因素论"，认为人们对本部门的政策和管理、监督、工作条件、人际关系、薪金、地位、职业安定以及个人生活所需等得到满足后就会积极工作。赫茨伯格把这类因素统称为保健（Hygiene）因素；人们对成就、赏识（认可）、艰巨的工作，晋升和工作中的成长、责任感等得到满足则感到满意，得不到满足则没有满意感，但不是不满意，他把这一类统称为激励（Motivator）因素，见表1。这一理论提示我们，不一定强调激励因素，如果能够满足保健性需要，也可以保持下属的一定士气。

表 1　保健因素与激励因素

保健因素	激励因素
薪金	工作本身
管理方式 地位	赏识
安全	进步
工作环境	成长的可能性
政策	责任
人际关系	成就

3. 佛鲁姆的期望理论

美国心理学家佛鲁姆提出了期望值理论。该理论认为，人们在他预期的行动将有助于达到某个目标的情况下，才会被激励起来去做某些事情。任何时候，一个人从事某一行动的动力，将决定于他的行动之全部结果（或积极地或消极地）的期望值乘以那个人预期这种结果将会达到所要求目标的程度。换言之，激励是一个人某一行动的期望价值和那个人认为将会达到其目标概率的乘积。用公式可表示为：

$$动力 = 效价 \times 期望值$$

这里的动力是一个人所受激励的程度；效价是一个人对某一工作的偏好程度；而期望值是某一行动导致一个预期成果的概率。从这个公式中可以看出，当一个人对达到某一目标漠不关心时，效价是零。而当一个人宁可不要达到这一目标时，那就是负的效价，结果当然是毫无动力。同样，期望值如果是零或负值，一个人也就无任何动力去达到某一目标。为了激励员工，主管部门应当一方面提高员工对工作的热爱程度，另一方面帮助员工实现其期望值，即提高期望概率。

4. 亚当斯的公平理论

美国心理学家亚当斯提出了公平理论。该理论指出，员工的工作动机，不仅受其所得的绝对报酬的影响，而且受到相对报酬的影响，即一个人不仅关心自己所得的绝对值（自己的实际收入）而且也关心自己收入的相对值（自己收入与他人收入的比例）。每个人会不自觉地把自己付出劳动的所得报酬与他人付出的劳动和报酬进行个人历史的比较。如果当他发现自己的收入比例与他人的收支比例相等，或者现在的收支比例与过去的收支比例相等时，便认为是应该的、正常的，因而心情舒畅、努力工作。但如果他发现不相等时，就会产生不公平感，就会满腔怨气。

5. 莫顿的马太效应

1968年美国科学家罗伯特·莫顿根据圣经中马太福音中关于"好的越好、坏的越坏"和"多的越多、少的越少"的两则寓言提出了"马太效应"。认为相对于那些不知名的研究者，声名显赫的科学家即使他们的成就与其他人的成就相当通常可得到更多的声望。同样地，在一个项目上声誉通常给予那些已经出名的研究者，例如一个奖项几乎总是授予最资深的研究者，即使所有的工作是由一个研究生完成的。

马太效应可归纳为，任何个体、群体或地区一旦在名誉、金钱、地位等获得成功和进步，就会产生积累优势，就有更多的机会获得更大的成功和进步。

6. 认识和建议

（1）分清需要激励的部门和对象存在问题的原因，不是所有问题都可用激励解决，比如对领导有意见，与同事有纠纷或家庭有纠分等，影响工作士气，需要进行政治思想工作予以解决。

（2）明确激励目标。对于研发部门主要是激励和发挥研究者的创造力，而不是调动工作的积极性，不是增加多少产品而是增加多少想象力和提高科技创新的动力。编者在研究部门的奖励文件中常常见到提法是"调动积极性"，很少强调"发挥创造性"，实际上是一个误区。

（3）按照层级理论调查了解被激励部门和对象的需求，并实行普遍激励和个性化激励相结合。比如某研究骨干本人或家庭成员有重病，这时组织上更加关心他并帮他及家庭解决医疗、生活服务等问题比授予他一个教授职称更加有用。

（4）首先解决"保健因素"即在工作环境、薪金、职位、安全、团队组合等正常管理中，使团队成员安心、满意，不考虑其他也可取得旺盛的士气。

（5）把应该激励的人找准，最应该激励的两种人：一种是在科技创新中做出了贡献的人（加强技术创新的考核机制，把真正的贡献者找准）；另一种是富有科学精神的人（异议、热爱、宽容），并且将激励强度拉开差距，否则按照"公平理论"，效果会适得其反。

（6）注意克服"马太效应"，这种效应普遍存在，很不合理，实际上是调动了一个人的积极性，影响了一群同样能力或差异极小的人群的创造性。难怪有人说"水平相当的两个人，过不了几年，他们的差别怎么就这么大呢"，除了真有差距的少数案例，主要还是马太效应在作怪。应当在政策和制度层面予以克服和纠正。

（七）科学方法的基石——科学精神

"科"字是用斗来计量禾，即粮食，既有数量概念又有标准和规范概念，"精神"辞海解释为"自觉的意志"。弘扬科学精神就是让科学成为我们的自觉意志，遇到任何事情可以本能地用科学方法去解决。

科学精神是自然科学发展中形成的优良传统、认知方式、行为规范和价值取向，其中包含着科学态度、科学方法、科学作风诸因素的总和。特别是要大力贯彻党中央提出的"三严三实"并针对当前学术界的浮躁风气，学习科学精神，对每一个科技工作者都是十分重要的。"异议、宽容和热爱"是科学精神的精髓。

1. 异议

科学的起点是问题，问题的提出就是对已有知识的挑战。马克思说"在科学的入口处正像在地狱的入口处一样。必须提出这样的要求。这里必须根除一切犹豫，这里任何怯懦都无济于事"。从事科学工作的人首先就要有一种大无畏的革命精神——异议精神，异议是智力进化的工具，是科学家天生的活动，没有异议科学就不能进步，没有异议的人不能成为科学家。

历史上许多坚持科学真理，坚持异议的著名科学家都遇到过横逆之境。哥白尼提出"日心说"被监禁、布鲁诺被烧死，血液循环理论的创立者塞尔维特被烧了两个小时，死前仍然坚持他的学说。

1982年，当不少地质家迫于政治形势需要同意石油年产量也可以翻两番的观点时，我国著名科学家翁文波院士顶着巨大的压力坚持自己的预测——2000年石油产量不是4亿吨而是1.8亿吨（已被事实证明是完全正确的，见图）。马克思说的"科学的入口处正像地狱的入口处"是千真万确的。真正的科学态度用竺可桢先生的名言可以代表，"不盲从，不附和，依理智为归，如遇横逆之境则不屈不挠，不畏强暴，只问是非、不问利害"（这样精彩而深刻的警句应当写成标语，贴在研究室、实验室的墙壁上）。

2. 宽容

科学是一个自由探索的过程，在未知的真理面前要鼓励探索，允许犯错误。失败是成功之母，成功正是用无数次失败的代价换取的，在探索科学的道路上，不允许失败，在某种意义上就是不允许成功。

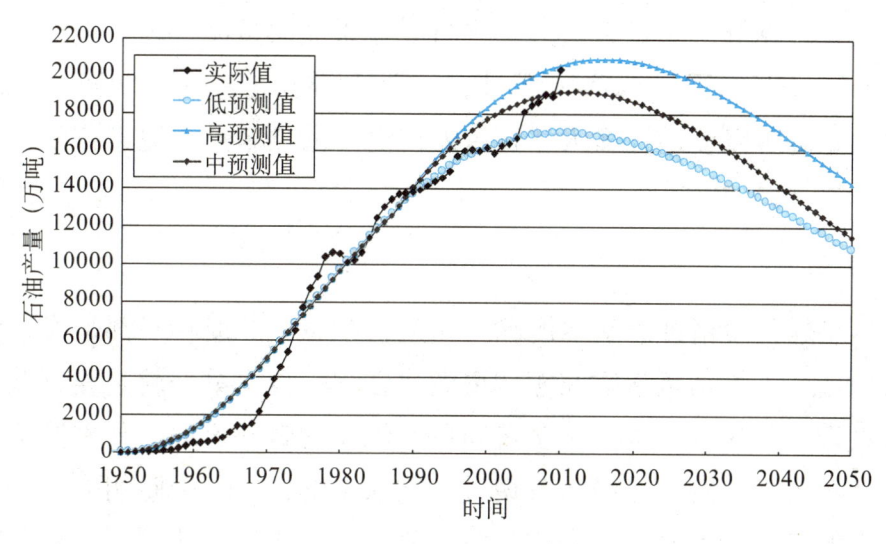

全国石油年产量增长预测（翁氏）

（我国石油年产量高峰 1.7～2.1 亿吨，高峰值将出现在 2010—2020 年间）

因此各学术观点是在真理面前一律平等，对不同意见一定要采取宽容的态度。现代生产力的发展一个突出的特点，是多学科、多专业的集成创新，需要团队工作，集体攻关，宽容就显得尤其重要。

学术问题的激烈争论有助于科学的进步，能够听到不同意见，应当感谢自己的同行。历史上有很多好的榜样，爱因斯坦和量子力学大师玻尔是很好的朋友，他们有几十年的学术争论，全部用书信公开化，双方尊重对方的学术观点，同时又据理反驳对方，最后促进了相对论和量子力学的进一步完善。爱因斯坦和印度诗人泰戈尔也有长期的学术对话，既针锋相对，又宽容理智（学术归学术，不能记仇，更不能演变为意识形态斗争）。正是如此宽容，如此高尚的科学精神使他们成就为大师。

历史上许多成功的科学家，从 19 世纪飞机发明者美国的莱特兄弟，到 2008 年诺贝尔化学奖得主钱永健说到人生感悟，最深刻的就是感谢家人、学校、研究团队、社会提供了宽松的研究环境和对他们实验失败时所抱有的宽容、支持态度。嘲讽他们的人太少了，支持他们的人太多了，这很重要。科学技术创新需要想象力和创造力，只有宽容的环境和民主的学术气氛才有利于发挥想象力和创造力。宽容对于研究部门的行政领导、学科带头人、项目长显得尤其重要，因为他们"居高临下"。尊重下级，尊重同行，认真倾听和鼓励发表不同的学术观点，这样的宽容可以多出许多人才，激发出更多的创新点，促进科学事业的发展。

3. 热爱

热爱是科学精神的基本内涵，凡是科学事业的成功者都是对科学的热爱者，不但是科学研究领域要做成任何一件事第一就是要喜欢、要有兴趣、要热爱。这里蕴含着简单又深奥的哲学道理。翁文波院士生前对我谈到他的人生经历时说过一句深刻的话"一个聪明人二十年干二十件事，也未必成为专家，一个笨人二十年干一件事，就可能成为专家"。翁先生出身名门，留学英国，六十年前为了他热爱的地球物理科学事业，自愿奔赴十分艰苦的玉门油田，开创了中国地球物理勘探之先河。1994年翁先生不幸身患胰腺癌，在他住院的三个月，把计算机搬到病床旁，忍着剧痛工作到生命最后一刻，他对科学事业的热爱令人动容。

最令我敬佩的著名文化学者常书鸿先生，20世纪20年代从国外听说敦煌发现了成千上万幅绵延千年的壁画，大喜过望，决定回国并留在这片渺无人烟、风沙弥漫的荒漠上。有人说，如果没有对科学和艺术的热爱，将很快会因寂寞和孤独患上精神疾病，但常先生兴趣盎然、终身不悔，日记中不断流露他的幸福和欢心，妻子离他而去，同事不辞而别都动摇不了他研究古代艺术的决心。热爱使他终成大业。

4. 异议、宽容和热爱的关系

对于科学精神的内涵著名科学家布罗诺乌斯基在《科学和人的价值》中有一段十分精彩而深刻的论证：科学以追求真理为目标和最高价值，由于真理不是教条而是过程，追求真理的人必须是独立的。科学把对独创性和热爱作为独立性的标志，独立性和独创性对科学的意义要求我们把价值放在异议上，没有异议就没有科学，没有异议的人根本就不可能成为科学家。

异议本身不是目的，它更深刻的价值即自由的标志。学术自由必然导致差异的分歧，而稳定进步的社会又必须把观点各异的人联合在一起，因此宽容就成为科学不可或缺的价值。科学的宽容是一种积极的价值，其精神实质在于承认给他人的观点以权利还不够，还必须认为他人的观点是有趣和值得尊重的，即使我们认为它是错误的，因为在科学探索中犯错误是不可避免的，是由科学和人的本性决定的。这段论述对异议、宽容和热爱表述得十分深刻。

伟大的科学家往往都是大胆异议，提倡学术自由又能宽容别人的人，也都是不断犯错误，不断纠正错误的人。人类的科学发展史就是同迷信、愚昧、惰性作斗争的历史，就是同说谎者和伪君子斗争的历史，也是同欺骗和自我欺骗作斗争的历史，同所有黑暗势力作斗争的历史，科学是愚昧的天敌，教条的对头，迷信的克星，弘扬科学精神是科技工作者的天职，也是每一位科技工作者不可推卸的责任。

（傅诚德）

第二部分 应用案例

改革开放以来，中国的石油科学技术取得了长足的进步，通过对石油行业33位国家科技奖获得者所获成果的分析研究可以看出，众多的优秀科技成果都是科学方法正确指导应用的结果。

一、找准问题，重视细节，找出本质的规律

【案例1】

创立广义测井曲线概念和 Cif 格式并获广泛应用——在看似毫不相干的数据体中寻找出共同点（李宁）

单井数据处理的方法和流程 20 世纪 70 年代中期就已经确立，但如何实现科学有效的多井数据处理是当时一个非常棘手的问题。问题的难点在于，始终没有能够提出一个合理的数学模型来统一表征各类不同测井信息，而区分这些不同信息就必须定义成百上千种不同的数字（字符）类，这就使多井数据处理系统的开发变得异常困难和烦琐。

经过多方探索，我采用科学想象的方法成功解决了上述难题。我把"常规曲线"、"解释结论"和"成果表格"这些看起来毫不相干的测井信息联系起来考虑，发现了它们均依赖深度而存在及变化的共同点，于是大胆构成了新的想象，即要突破多井数据处理这一难点，关键是要对常规测井曲线的定义进行拓展。为此，提出了全新的广义测井曲线概念（图 2-1）。在此基础上，进一步定义了能够用相同方式描述各种不同测井信息的 Cif333—nD 数据格式，简称 Cif 格式。任何测井信息均可抽象为一个 n 维数据体，描述其某一维时，只用 3 个 Char 型、3 个 Int 型和 3 个 Float 型共 9 个参数。Cif 格式揭示了计算机正确读取测井信息所需元素的最小集合，任何一种测井信息均可由这些"元素"组合而成，因而它可以用完全相同的方式描述已有或将来可能出现的各种不同测井信息。广义测井曲线概念及 Cif 格式彻底解

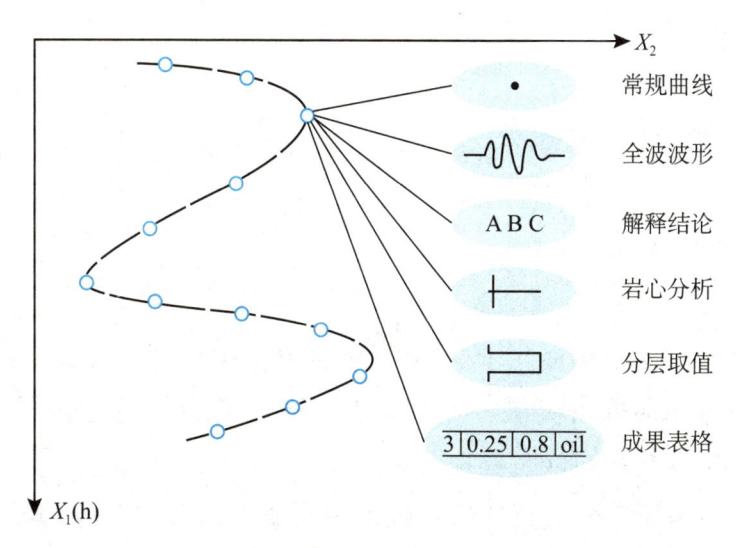

图 2-1　全新广义测井曲线

决了如何有效进行多井数据管理和数据交换的难题。以 Cif 格式为基础，我的科研团队 20 世纪 90 年代中期研制开发出了国内首个大型工作站多井处理解释系统。该系统先后推广到中国石油、中国石化和中国海油的相关单位，安装规模超过 200 台套，荣获 2000 年度国家科技进步二等奖。

作者简介：李宁，中国石油勘探开发研究院测井与遥感技术研究所副所长，教授级高级工程师，博士生导师。

【案例2】

川西坳陷上三叠统须家河组气藏研究方法——首先把问题找准，再把问题进一步分解，本着先易后难的原则解决问题（蔡希源）

1983年，孝泉构造川孝93井发现须家河组气藏。其后川合100井、新851井等相继取得突破，尤其是新851井高产气流充分展示了川西坳陷须家河组气藏的巨大勘探前景。

虽然川西须家河组天然气已经取得突破，但自1983年至2008年，有针对性部署的10余口井都没有获得成功，尤其是距离新851井仅200米的新853井相同层位没有获得工业气流，川西深层天然气始终未摆脱"口口有显示、井井无工业产能"的困境。

什么是制约天然气高产富集的主要因素？通过前期钻井分析，有人提出沉积相带控制着油气富集，河口坝是高产的关键；有人提出作为致密气藏，裂缝发育是关键。应该说这些观点都是勘探实践的总结，但是钻井也证实：在河口坝上仍然有很多钻井是干井；川泉173井等钻井有钻井液漏失，裂缝带发育，但也没有获得工业产能。

川西坳陷须家河组形成气藏是一系统工程，蔡希源研究团队首先按照"木桶"原理找准了问题，认为"有效储渗体"才是深层致密岩性气藏富集高产关键。"有效储渗体"是优质储层、裂缝和含气性的有机组合，它受控于构造相、沉积相和成岩相。

接着按先易后难的原则，把"有效储渗体"问题进一步分解为三个关键步骤：一是寻找早期油气富集带，这一问题相对简单，先开展研究，通过区域大剖面、厚度回剥等技术和方法，进行相应的构造演化分析，确认早期油气富集带；二是通过开展沉积相研究，寻找三角洲前缘河口坝亚相；最后也是最难的解决问题就是裂缝发育带和含气性预测。在埋藏深度大于5000米的深度上，普通的地震资料很难找到问题的突破口，只有获取、保护和利用好横波资料才能解决问题。为此，基于各向异性理论和横波分裂原理，研发了陆地三维三分量地震资料方位各向同性和各向异性的采集、处理和解释技术，实现了不同尺度裂缝的量化预测，较好地描述了裂缝分布带，由于方法正确，攻关项目很快就有了突破，实际应用使深层致密气藏探井成功率由15%提高到89%，提交了新场须二气藏1211亿立方米探明储量，解决了须家河组近40年始终未实现有效勘探的难题。为此，该项目获得了2010年度国家科技进步二等奖。

作者简介：蔡希源，中国石油化工集团公司原总地质师，教授级高级工程师。

【案例3】

春光油田发现的工作思路（李阳）

春光油田位于新疆克拉玛依市车排子镇春光农场东约13.7千米，于2005年3月发现，是中国石化在准噶尔盆地西缘发现并投入规模开发的第一个油田。工作思路如下：

第一是寻找普遍规律。早期勘探实践证实（如排1井、车浅1、车浅15等钻井），准噶尔盆地西缘车排子地区石炭系之上的侏罗—三叠系沟谷充填式地层圈闭，白垩系底部地层—构造圈闭中油气显示活跃，普遍存在稠油油藏。成藏研究认为该区稠油油源为来自于昌吉坳陷二叠系烃源岩，并有侏罗系烃源岩的后期混源，在早期充注时，由于埋藏较浅，受地表水下渗降解形成稠油油藏。遵循这一普遍规律，在该区部署探井排2井时，目的层就是白垩系、侏罗—三叠系。

第二是发现问题，不得遗漏任何细节。在排2井钻探实施过程中发现新问题，即在新近系沙湾组油气显示层段（1013.4～1017.3米）出现油气显示级别低，岩屑级别为荧光，油砂含量极少，但是气测发现全烃值具有上升快、稳定时间较长，尤其是具有全烃值较高，组分分析无C_1和C_2的气测异常特征，这是该地区及邻区已钻探井中未曾出现过的情况。排2井经试油在新近系沙湾组1014.0～1017.3米，用4毫米油嘴求产，喜获日产62.65立方米高产轻质油流，从而揭开了春光油田的神秘面纱。

第三是搞清问题和事物间的逻辑关系,建立统一性的经验基础原理。试油验证，排2井新近系沙湾组原油颜色为绿色，密度0.7892克／厘米^3，含蜡量6.16%，为典型的轻质油，为低轻组分油藏，经油源对比，排2井原油来自于昌吉凹陷和四棵树凹陷的侏罗系烃源岩，上覆的沙湾组、塔西河组泥岩的封盖对排2井油气藏的成藏起到重要的保存作用，同时由于新近系成岩性差，该层上部泥岩对于原油中的轻质组分封闭性较差，C_1、C_2向上逸出到地表，导致原油组分分析无C_1和C_2的异常特征。经钻探实践经验、归纳、总结和分析研究，建立了该区统一性的经验基础原理,即排2井轻质油油藏具有储层为港湾状滩坝砂体、气测具有全烃值较高,组分分析无C_1和C_2的异常特征。根据这一经验基础原理,在短短几年内就建成了年产能50万吨的春光油田。

作者简介: 李阳,中国石化股份有限公司副总工程师,中国工程院院士,教授级高级工程师,博士生导师。

【案例4】

中国中低丰度天然气藏分布与成藏规律研究（王红军）

我国已发现的中低丰度大气田主要分布在鄂尔多斯盆地、四川盆地和塔里木盆地，具有在大面积储层中广覆式分布的特点，对比以往研究较多的高效大气田形成条件，如克拉2、普光等构造型大气田，中低丰度气藏在气藏类型、生储盖组合方式、成藏过程等方面都有其特殊性，特别是气源供给、储集体连片分布、天然气广覆式充注等关键成藏要素的大型化发育条件与形成机理尚不清楚，已有的天然气地质理论还不能有效指导中低丰度大气田的勘探，亟待创新和发展；中低丰度天然气藏具有储层低孔隙、低渗透、气水边界与储层物性边界不明显的特征，常规天然气藏地震识别与开发理论具有不适用性，相关技术研发缺少理论基础，亟待创新和突破。因此，迫切需要通过中低丰度天然气藏大面积成藏的机理与分布规律，提供中低丰度大气田勘探的理论基础与勘探评价技术；通过双孔双相介质地震波场模拟与黏弹性波动方程地震波传播规律研究，提供中低丰度天然气藏地震识别的理论基础与有效储层预测、气藏检测适用技术；通过研究中低丰度天然气藏有效储层构型、渗流规律与高效改造方法，发展最佳开采理论，为中低丰度天然气藏有效开发提供理论基础与技术。通过上述理论、方法与技术创新，推进我国天然气基础理论研究的发展，拓展中低丰度大气田勘探新领域，提高中低丰度大气田发现率，提升中低丰度大气田产能，实现对我国中低丰度天然气藏大规模勘探发现与开发利用的目标。

研究过程中几个看似很一般的问题，经过对研究对象的详尽观察和实验分析，发现了两个重要规律：

一是存在着"三明治"结构。这种"三明治"源储结构是中低丰度天然气藏大面积成藏的基础。中国陆上大型坳陷湖盆多是在克拉通基底上发育起来的。湖盆沉积前多经历了早期剥蚀夷平以及填平补齐充填。湖盆沉积期，湖底坡度平缓，坡降比低，使得湖盆水体总体较浅，且湖盆四周并不封闭，在湖盆某一侧的若干部位与外围呈开放环境。这样在湖侵和湖退期，就可使湖水大范围进退，同时水系向湖区的推进与退缩也呈大规模变化。因而，湖平面上升期（湖侵期），湖泊水域广，大范围发育有机质丰富的泥质岩沉积，是烃源岩发育的主要层段；湖平面下降期（湖退期），浅水（扇）三角洲砂体向湖盆腹地推进，有时可直达湖盆中心，是储集层发育的主要层段。频繁的湖侵与湖退导致湖相泥岩与浅水（扇）三角洲砂体间互沉积，呈现源储"三明治"接触关系，或"垂向叠置"型广覆式接触关系。在"三明治"结构中，煤及泥岩烃源岩与砂岩储集层的间互结构为天然气大面积生成并向砂岩储集层充注创造了条件；"垂向叠置"式源储配置的典型特征是储集层系与烃源层系不属于同一层系，储集层系位于烃源岩层系之上，两者间呈"单面"直接接触。烃源岩与储集层呈面式接触，接触面积大，利于天然气在大面积内充注。因此，具有"广覆式"特点的源储"三明治"和"垂向叠置"接触关系是天然气大面积成藏之基础。

二是抬升卸载环境下天然气解吸导致面状排烃，有利于大面积成藏。在中国陆上众多大型坳陷湖盆的腹地，天然气成藏还有另一特殊性，即天然气不是在持续深埋阶段成藏，而是在抬升阶段成藏，这也有悖于常规的石油地质认识。大量的成藏期次研究数据显示，鄂尔多斯盆地和四川盆地腹部的天然气成藏，主要在早白垩世末期前后的燕山运动中发生，而这个时期及以后喜马拉雅造山运动阶段，上述 2 个盆地的腹地主要经历抬升运动，广泛遭受剥蚀，其中鄂尔多斯盆地东部绥德—子洲地区剥蚀厚度达 1500 ～ 2000 米，中部靖边地区剥蚀厚度为 1000 米左右，西部天环向斜地区剥蚀厚度也有 300 ～ 500 米。四川盆地在白垩纪末期—喜马拉雅期，川中地区剥蚀厚度普遍超过 1000 米，且具有从西向东剥蚀厚度增大趋势；川东北地区，利用成熟度（R_o）推算侏罗系—白垩系剥蚀厚度可达 2400 ～ 3200 米。

关于在抬升阶段的生烃和成藏问题，有学者研究认为，抬升条件下生烃作用趋于停滞；但有学者认为抬升背景下煤系仍可缓慢生气，甚至生气作用较强；更多学者倾向于抬升作用可导致气藏低压，多数学者认为抬升过程对油气成藏是个破坏过程和不利因素，为此以须家河组气藏为地质模型，开展了三维温压条件下天然气排驱模拟实验：首先将模型充分饱和水，加上覆压力5～7兆帕，流体压力1～1.5兆帕，然后从模型底部注入气体，直到在顶部出口达到一定出气量为止，停止注气并让模型充分饱和气，相当于地下生气过程的停止。之后，开始降低上覆压力和流体压力以及模型的温度，通过记录模型顶部出口的出气量来验证有无气体的排出。实验表明，在模型饱和气体之后，切断持续气源供应的条件下，滞留在烃源岩与致密层中的气体，在抬升降压过程中，可以通过自身的解吸而大量排出，现象十分明显。

究其原理，大规模的抬升与剥蚀作用势必促使深部地层的上覆地层压力减低（即卸载），地层发生降温与降压。从气体方程可知，这一过程对天然气的运移和聚集是动力而不是阻力。处于成熟阶段的烃源岩内部微孔隙中，可认为是饱含烃类分子的，只要深度一定，就有特定的压力（p_1）和体积（V_1）。当地层抬升以后，随着深度减小，地层压力自然减小（p_2）；烃源岩内部微孔隙体积会有变化，但因岩石骨架变化较小而变化不大，而孔隙中的气体或液体烃类则可有较大变化（V_2）。这样，由气体方程可知，气体体积在抬升过程中会有较大膨胀，导致烃类的大量运移、排烃和成藏。这一过程往往呈面状发生，对构造平缓的向斜和斜坡区油气大面积成藏是个重要的促进因素。

作者简介：王红军，中国石油勘探开发研究院亚太研究所所长，高级工程师，硕士生导师。

【案例 5】

塔里木盆地"富油"还是"富气"研究（赵孟军）

20世纪80年代塔里木石油会战之初，以寻找大型油田为主，随着勘探的不断深入，尽管也发现了油田，但气田发现越来越多，塔里木盆地富含油还是富含气决定了其未来以原油勘探为主还是以气勘探为主的两种勘探思路，同时也决定了未来我国油气输送管线的布局。

我们接到这项研究任务，首先把问题进行分解为富气的地质条件，成藏过程和聚集模式等三个系统分别研究。在成气的地质条件研究中，又分解为烃源岩、储集体、盖层、圈闭等次一级问题，由上至下，先易后难开展工作，认识到塔里木盆地发育高丰度的高—过成熟寒武系烃源岩、中—上奥陶统偏腐殖型的泥灰质烃源岩和以成气为主的侏罗系烃源岩等三套主要的气源岩，以及发育多套区域盖层尤其是膏盐岩区域盖层是形成大中型天然气藏的良好条件；在成藏过程和聚集模式研究中，我们将其分为塔里木周缘前陆盆地和克拉通盆地两种盆地类型进行分析，认识到周缘前陆盆地具有两期成藏、以喜马拉雅山晚期天然气成藏为主的特征，进一步分析认识到库车前陆盆地"整体富气"的聚集模式；克拉通地区具有加里东晚期—海西早期、海西晚期和燕山—喜马拉雅期的多期成藏，早期主要形成油藏，晚期天然气成藏，一方面是高过成熟烃源岩直接生成的天然气聚集，另一方面是古油藏由于深埋原油裂解成气的聚集，且以后者为主，这就决定了克拉通地区的"区带富气"的聚集模式，即早期古油藏的分布区带控制了晚期天然气的富集区带。

各个问题的逐一突破，形成了系统认识，即塔里木盆地是一个富含天然气的盆地。

作者简介：赵孟军，中国石油勘探开发研究院石油地质实验研究中心副主任，教授级高级工程师，博士生导师。

【案例6】

微电阻率成像测井仪器研制成功——贵在坚持、重视细节（王敬农、张辛耘）

微电阻率成像测井仪器是一种先进的油气井扫描成像测井技术，提供井眼周围地层的微电阻率图像，直观地反映井周孔洞、裂缝、层理等各种地质特征。

20世纪80年代中期，西方国家的石油公司刚萌生微电阻率成像测井的概念，我国测井管理高层就组织权威专家进行论证，认为这一技术对油气田勘探开发具有十分重要的作用，决定将微电阻率扫描成像测井仪器研制作为重大关键技术进行攻关。1987年开始进行预研究，1994年联合优势科研力量进行仪器研制，2000年开发出第一代仪器，并初步应用。由于仪器测量精度、动态范围等技术指标不能满足现场要求，2001年立项开展微电阻率成像测井仪器的改进及二次开发，重点研究厚膜电路的使用，解决信噪比低、动态范围小等问题。2003年立项开展仪器配套技术现场试验，到2006年项目结束，仪器各项性能指标大幅提高，实现产品定型，正式命名为微电阻率扫描成像测井仪器MCI。大量的现场试验表明，与国外最先进水平相比，MCI测井仪器图像质量优于美国贝克休斯公司的同类仪器STAR，与斯仑贝谢公司的FMI和哈里伯顿公司的XRMI相当，广受油田公司认可，并在长庆、吐哈、华北、塔里木等油田工业化应用，取得了良好的应用效果，如2009年在长庆油田某重点气探井评价中就为获日产31.1562万立方米无阻高产工业气流提供了直接、有效的第一手测井数据，为该区块的滚动勘探开发提供了重要的技术支持。目前MCI仪器还远销加拿大、俄罗斯、伊朗等国家，实现了国产高端测井装备外销零的突破。

MCI仪器研制成功给我们的启示是：科研如登山，贵在坚持；创新如火花，源于执着。MCI仪器是一种复杂的高精尖机电产品，其研发周期跨越整整20年，经历了预研究（1987—1993年）、样机研制（1994—2000年）、技术改进和规模试验（2001—2007年）三个大的阶段。

尽管在这20年里，研发单位经历了单位改制、行业重组，但微电阻率成像测井技术项目组力量从未减弱，研究工作从未间断，逐步攻克了微弱信号测量、高温高压极板制作、自适应多臂分动推靠器研制、基于小波变换的电阻率图像增强等重大关键技术难题。在多年攻关积累基础上，推出了符合行业标准的装备。MCI 仪器的研制初期基本与如斯仑贝谢公司等世界知名公司同步进行，可资借鉴的资料很少，大量的具有创新性的思想火花涌现于微电阻率成像仪器的方法、机械、电路、软件、解释等研发工作的各个细小环节，使得 MCI 仪器成为我国测井行业为数不多的具有完全自主知识产权的高端测井装备之一。

作者简介：王敬农，中国石油集团测井有限公司技术中心原主任，教授级高级工程师。张辛耘，中国石油集团测井有限公司评价中心高级工程师。

【案例7】

柴北缘南八仙—马北油气田的发现——在已知中区分和提取新的不寻常，获得科学发现（胡素云）

自然辩证法认为，科学抽象更加深刻、正确、完全地反映着自然。科学抽象的第一个特点是从已知中区分和提取新的不寻常的东西，如油的电阻很大，水的电阻很小，百年来采用该原理发明的电阻率测井识别油层获得很大成功，但近年来经深入研究发现有些含油储层在特殊条件下可以呈现低电阻，地质学家从已知中区分出的这些不寻常的东西，已开发出"低电阻测井方法"，识别出一批"新"油层。柴北缘南八仙—马北油气田的发现就是一个典型实例。

（1）老井资料复查和重新认识，获得了油气突破和发现。

在已知中区分和提取新的不寻常，直接推动了柴北缘南八仙—马北油气田的发现。柴达木盆地北缘中段马海—大红沟凸起区是被马仙、陵间和绿南三条区域断层包围的前中生界基岩古凸起。该区20世纪50年代中期就开始了油气勘探工作，回顾50余年的勘探历程，可谓历尽艰辛，勘探和研究几度处于停顿状态。

直到1995—2002年，通过老井资料复查和重新认识，获得了油气突破和发现。1995年开展老井资料复查，仙3井电测综合解释出油气层、可疑油气层共计22层，经老井修复，对其中3个层组进行试油均获得高产油气流。通过研究认为该区周缘存在侏罗系生烃凹陷，尤其是对基岩继承性古凸起的确认，使得认识上有了较大的飞跃，为该区整体勘探增添了信心。在地震落实圈闭的基础上相继钻探了仙4—仙8井，均获得成功，1998年在南八仙提交探明石油地质储量775.3万吨，探明天然气地质储量124.35亿立方米。该阶段勘探获得突破和发现主要体现在老井资料发现低电阻油气层、继承性基岩古凸起的确认、构造样式的重建和成藏规律重新认识等四个方面。

（2）从已知中区分出新的不寻常信息——油气勘探获得突破的关键。

在已知中区分和发现有意义的新的不寻常，转变思路，提高认识，是勘探获得突破的关键。首先，老井复查发现低电阻油气层。1995年开展老井资料复查，仙3井电测综合解释出油气层、可疑油气层共计22层，其中新认识的16个油气层原解释均为水层，其侧向电阻率值大多为2～50欧姆·米（最低为1.2欧姆·米），但在录井中均有不同程度的油气显示，该区地层水矿化度高，极有可能存在低电阻油气层。通过老井修复试油，在三个层都获得高产工业油气流。仙5井深层油气显示活跃，但油气层的确定也出现了很大的分歧，侧向电阻率绝对值虽然不低（为4～6欧姆·米），但比围岩电阻率值（为10～200欧姆·米）低得多，经过综合多项资料分析并反复讨论后决定试油，在深层获得高产工业油气流，从而打开了深层高压油气藏勘探新局面。同时也为柴达木盆地两种不同类型低电阻油气层的识别奠定了基础。

其次，重新建立了两期构造运动形成"两层楼式"的构造样式。地震资料确认了继承性基岩古凸起。南八仙地面大多为山丘，二维地震资料品质较差，开始构造是按照传统的"两断夹一隆"的方案解释，选择构造最高部位钻探了仙5井，钻探中浅层（2800米以上）未见任何油气显示，与较低部位的仙3井相差很大。对南八仙构造重新进行了解释，建立了受燕山和喜马拉雅两期构造运动形成的深部高角度基底断层和浅部低角度滑脱断层控制的"两层楼式"的构造样式。构造样式的重新建立和油气分布规律的重新认识有效地指导了进一步勘探，在浅部滑脱断层下盘的高点部署的仙6井（比上盘的仙5井低150余米），钻探结果十分理想，电测解释出210多米的油气层。此构造模式的建立为南八仙中型油气田的发现起到了重要作用，同时也带动了柴北缘其他构造带的勘探，是柴达木盆地勘探认识上的一个重大突破。

（3）解放思想、查旧出新、发现异常——直接揭开了南八仙的神秘面纱。

南八仙油气取得突破的转折点和关键还是善于从旧的已知中区分新的不寻常信息。解放思想、查旧出新，大规模老井复查直接揭开了南八仙的神秘面纱。1995年初青海油田的决策者果断提出"二次创业，三个翻番"，提出了解放思想，更新观念，重新认识柴达木盆地的新思路。首先出台了勘探发现奖励办法，开展了大规模的老井复查工作，对盆地有了全新的认识，提出了实现突破的"八大重点勘探目标"，其中在南八仙仙3井电测综合解释出多个油气层，经对老井修复，3个层组试油均获得高产油气流，从而发现了南八仙油气田，也打开了柴北缘勘探的新局面，这一新局面的打开，得益于解放思想、查旧出新、发现异常。

总之，善于从旧的已知中区分新的不寻常，这一哲学思想对于打开在一度陷入困顿的油气勘探局面尤为重要。柴北缘构造活动强烈，油气成藏条件复杂，随着勘探难度的不断增加，更要求我们加强基础研究，尤其是油气成藏规律的研究，只有认识到位，勘探才能取得成效，才能有所发现和突破。通过总结马海—南八仙—马北油气勘探的经验和教训可以看出，油气的发现过程也是认识的不断深化过程：前期开展地面构造调查，并发现马海微型气田→数字地震了解深部地质结构钻探仙3井，由于没有认识到低电阻油气层的存在和认识评价出现偏差，与油气田发现失之交臂→老井资料复查、低电阻油气层的识别、古隆起的确定和构造样式的重新建立，为南八仙油气田的发现起到了重要作用→油气源对比发现两个含油气系统和多个油气源的分布，钻探马北1井获得发现，并证实马仙断层下盘具有整体含油气特征→油源及保存条件是该区油气规模成藏的主控因素，指出该区南部勘探更为有利。特别是对于老区勘探，善于从旧的已知中区分新的不寻常信息，对于油气勘探的可持续发展更具有深远的决定意义。

作者简介： 胡素云，中国石油勘探开发研究院总地质师，教授级高级工程师，博士生导师。

二、科学抽象具有极大的创造性，是最重要的理论思维方法

【案例8】

找油的科学思维（吴震权　宋建国）

石油天然气是深埋于地层中的有机质，在漫长的地质时期中，经温度和压力共同作用转化成油气，由分散而集中，在特定的地质条件下，形成油气田。

随着地壳的不断运动，油气会再次发生迁移。可见油气田的形成是一个极其复杂的过程。

由于油气田形成的过程发生在千万年乃至上亿年前的地壳深处，人们看不见也摸不着。要想知道哪里有油有气，只能通过找油人已掌握的知识、经验和智慧，对各种探测技术所取得的信息，进行思维加工，才能获得答案。其中，人的科学思维是起决定作用的因素。

科学思维又称辩证思维。用辩证法去指导我们的实践，在道理上，大家都容易接受。但做到这一点并非易事。首先是因为人们的经验、掌握的信息量以及其他主客观因素的影响，在评价一个地区的含油远景时，往往容易发生主观认识和客观存在的脱节。其次是由于地质作用在全球的不同部位往往是不一样的，比如，同一类型的圈闭，如碳酸盐岩潜山，在甲地能形成大油田，而在乙地就不一定。勘探家在一个地区工作时间长了，就很容易把已形成的固有看法推广到其他地区去，于是片面性就产生了。再次是我们还很容易受到多种多样传统观

念的束缚。比如，海相生油，陆相找不到大油田；小盆地找不到油田……等等。

由此看来，一个主观性、一个片面性、一个传统观念的束缚，就是我们不能自觉用辩证思维找油的三大障碍。要克服这三大障碍，有必要注意下面三点：

（1）正确识别共性和个性。

对立统一的规律是辩证法的基本规律。不同性质的矛盾共处于一个统一体中，相互依存，相互转化，推动事物的发展。人们对客观事物的认识也是按照这一规律不断发展深化的。

在找油的问题上，哪些是共性的东西，哪些是个性的东西，这很重要。全球有几万个油气田，就其形成的基本条件来说，大致相同，这是共性。但是由于地质背景不同，形成油气田的规模和类型各异，这就是个性。在勘探中，不乏因只重视共性特征而忽视个性特征，或只注重个性特征而忽视共性特征，因而导致决策失误的例子。

过去几十年中，我们在侏罗系找到的都是些小油田，如民和、潮水、四川、冷湖等盆地的侏罗系地层，形不成大气候，于是得出结论，中国的侏罗系"不够朋友"。

吐鲁番盆地也是以侏罗系为主要勘探层系的盆地之一。20 世纪 50 年代至 60 年代，开展了较大规模的勘探，除发现了胜金口和七克台两个小油田，对盆地油气地质条件也获得新的认识。吐鲁番盆地侏罗系的特点是地层厚度大，有几千米，水体规模广，有上万平方千米，生储油相带发育，有配套的圈闭……等等。正是由于看到了这些有利条件，才于 80 年代中期，重启勘探，在新一轮地震和深入评价研究的基础上，选择在台北背斜带上打了一口科学探索井，找到了鄯善油气田。

另一个例子是 20 世纪 50 年代初，当人们在北天山山前带发现独山子油田后，就认为这个带的新近—古近系背斜都有可能形成与独山子相似的油田。于是对其他几个背斜进行钻探，原以为十拿九稳，结果大多落空了。

这是因为当时人们只看到了它们的共性（都是新近—古近系背斜，都在天山山前），而没有看到相似事物的个性的方面，如生、储油条件及其配置以及后期保存情况等。

所以我们要注意在共性中识别个性，同时要注意不能用个性取代共性。

（2）避免思想绝对化。

由于各种传统观念的束缚，使我们在认识一个问题上往往容易绝对化，头脑中的"非此即彼"是根深蒂固的。不承认有"过渡状态"。

比如，关于油气生成，早在20世纪50年代美国的施密斯和苏联的维别尔在两个不同的地方研究现代海相沉积，发现"微石油"，提出第四系浅层生油说。20世纪70年代法国的蒂索提出干酪根热降解模型，认为生油层中的有机质须经历不同的热演化阶段并达到成熟程度才能形成大量石油。经过我国学者研究发现，柴达木盆地新近—古近系石油大多属未成熟石油，这一认识，极大地拓宽了找油的视野。

恩格斯在《自然辩证法》中有这样一段话："辩证法不知道什么绝对分明的和固定不变的界限，不知道什么无条件的普遍有效的非此即彼"。他承认一定条件下存在过渡状态，告诫我们思想不能绝对化。对我们冲破思想禁锢探索未知领域意义重大。

（3）倡导运用科学思维。

前面提到的对我国侏罗系盆地的认识和北天山山前带新近—古近系背斜带的勘探这两个例子，一个是以一般代替特殊，另一个是以点代面。两者都是我们在考察客观事物过程中认识上的停滞。我国战国时期思想家荀况称之为"蔽"。他在所著的《荀子》中的一篇专门论述认识论的《解蔽》中说："凡万物异，则莫不相为蔽"。又说："凡人之患，蔽於一曲，而暗于大理"。这两段话的大意是世上的事物都是不相同的，且都被一层表象所掩盖。不幸的是人们常被这些表象所蒙蔽，使认识停留在一点，而看不清事物的全貌。

为什么人们的认识会停留在某一点上呢？我们知道，在考察事物的过程中所得到的局部认识，并不一定都是错的，而是错在常常把局部的认识扩大到整体。这又是为什么呢？我们认为在很大程度上是由于这个局部的认识迎合了人的主观需求，当然除此之外可能还有其他因素的影响。由此可见，人们要想正确认识客观世界，必须同时改造主观世界，方能实现主客观的统一。

如何改造我们的主观世界？孔子用他一生的言行，为我们做出了典范。他以治国利民为宗旨，讲学修德，学不厌，教不倦，使他五十岁能"知天命"，七十岁达到"从心所欲，不逾矩"。他之所以能够达到如此高的境界，是和他好学、善学分不开的。他不但从书本上学，还重视向他人学、向社会学。他主张"知之为知之，不知为不知"，要多看、多听、多思，学以致用，同时又强调"谨言慎行"，一丝不苟地做好每一件事。这种态度和精神是我们培养科学思维不可缺少的。

他律己极严，每天要"三省吾身"。他一生践行"四毋"（毋意、毋必、毋固、毋我），就是不要自以为是，不要专横跋扈，不要顽固守旧，不要唯我独尊，等等。联系我们当前的实际，这四方面的表现非但存在，而且更加"丰富多彩"。严重危害我们的事业。

2500多年后的今天，我们重提"四毋"，是因为它对当前的现实太具有针对性了。孔子用它以修身立德，终成圣人，我们用它是为了从中吸取精神养分，苦练内功，更自觉地用好科学思维，在科学实验中，永远沿着一条正路走下去，使我们的研究成果，经得起实践的检验。

作者简介：吴震权，中国石油勘探开发研究院原总地质师，教授级高级工程师。宋建国，中国石油勘探开发研究院原副总地质师，地质所所长，教授级高级工程师。

【案例9】

关于找油的思路（吴震权　宋建国）

1958年，美国石油地质学家P.A.Dickey说过这样的话："我们常用老思路在新地区找到石油，但有时也用新思路在老地区找到石油。不过，我们很少在一个老地区用老方法找到更多的石油。过去，我们有过石油已被找尽的想法。其实，我们只是找完了思路。"

通过我们这几十年的勘探实践，这个外国人的经验之谈，被证明是很有道理的。一个正确的思路，对找油成败至关重要。

所谓找油思路就是研究怎样找油，沿着什么线索去找油。

回顾过去160年世界范围内找油的历史，油气勘探思路大致经历了三次认识上的飞跃。

（1）找油思路的第一次飞跃——从油苗到背斜。

19世纪中叶到19世纪80年代的30年是根据油苗找油的时期。油气勘探的全部内容就是调查油气苗然后挖井（钻井）采油。这30年的找油实践，揭示了地面油气苗的分布与背斜构造之间的成因联系，为背斜聚油说的建立和运用地质学的知识找油准备了条件。

1885年I.C.White系统阐述了背斜聚油原理，背斜说的创立是找油思路的第一次飞跃。它为全球石油勘探注入了巨大的动力，到20世纪50年代，世界大部分油气田都是在背斜说指导下发现的，使世界石油年产量超过5亿吨。

背斜说作为找油的思路，主导油气勘探长达60年之久（1890—1950年）。时至今日，背斜构造作为一种重要的圈闭类型，仍然是我们首先注意的目标。

背斜说在理论上的贡献不仅是揭示了一种重要的圈闭类型，更为重要的是最早提出了油气成藏问题的构想，促使石油地质学作为一门独立的分支学科从地质学中脱胎出来。1917年美国石油地质家协会（AAPG）的成立，是世界油气勘探史上具有里程碑意义的事件。

背斜说的建立和石油工业的发展，促进油气勘探新技术的出现。

1927年法国人在佩谢尔布龙油田上取得了世界上第一条电法测井曲线，开创了地球物理探测的先河。其后不久，美国人在得克萨斯州巴伯山盐丘首次获得地震反射剖面，从而扩展了人们找油的视野，从依据地表背斜构造钻探，走向覆盖区深部寻找可供钻探的背斜圈闭。

(2) 找油思路的第二次飞跃——从背斜到圈闭。

背斜说在世界油气勘探史上的地位是毋庸置疑的，但它毕竟是在特定条件下形成的，难免存在局限性。随着勘探领域的拓展和勘探程度的提高，背斜勘探的成功率有所下降，在一些构造稳定区，久攻不克的例子屡见不鲜。与此同时，越来越多的非背斜油气田被发现，早在20世纪20年代初到30年代，美国就已发现不少非背斜油气田，如胡果顿大气田和东德克萨斯大油田，都是受地层圈闭控制的。A.I.Levorsen于1936年提出了"地层圈闭"的概念，包括地层圈闭和岩性圈闭。可惜由于背斜说找油的思路已在多数人的脑子里根深蒂固，再加上当时背斜构造钻探成功率还不是很低，以致没有得到足够的响应。1954年，A.I.Levorsen又发展了地层圈闭的概念，在他所著《石油地质学》一书中进一步明确指出："对于任何一个能够储存石油的岩体，不管其形状如何，都可称为圈闭，其基本特点就是要能够聚集和储存石油和天然气。"这一表述立即为多数找油的人所赞同，可以认为这是圈闭说取代背斜说的开始。

圈闭说并没有排斥背斜说，而是把它作为一种重要的圈闭样式纳入圈闭分类体系。此后，石油地质家又进一步将受构造作用形成的油气圈闭统称为构造圈闭和不受构造作用形成的圈闭（包括地层、岩性、水动力等圈闭）统称为非构造圈闭，以及由两者相互配合而形成的圈闭统称为复合圈闭。

从背斜说发展到圈闭说是找油思路的第二次飞跃，其重大意义在于使人们从背斜说的禁锢中解脱出来，拓宽了找油的视野，为油气勘探提供了一个广阔的天地，找油的人可以充分发挥自己的想象力，而这种想象力正是不断发现新油气田的源泉。

从20世纪60年代开始，世界油气勘探进入大发展时期，勘探热点由西半球向东半球转移，由陆地向海域转移。勘探活动遍及除南极以外的各大洲，世界原油产量到1980年突破30亿吨。

这一时期也是石油地质学大发展的时期。在20世纪50年代建立起来的以油气藏为核心的石油科学体系的基础上，融进了地质学的有关分支学科，如地史学、古生物学、构造地质学、沉积学、岩石学、地球物理学、地球化学等各学科的最新成果，形成了石油地球物理学、油气有机地球化学、地震地层学、岩相古地理学、储集层沉积学、油区构造地质学等与油气勘探有关的专业学科。

在此期间，对石油地质学发展产生重大影响的有两件大事：一是板块构造学说的兴起，使含油气盆地研究从地质描述发展到成因解释，提出盆地成因分类（Bally，1980；Kinston，1983）；二是烃源岩地球化学研究取得了突破性进展，建立了干酪根成烃理论（Tissot，1969）。

1960—1980年，是勘探技术飞速发展的时期。由找背斜发展到找各类圈闭，其实质是将寻找构造圈闭扩大到寻找非构造圈闭和各种复合圈闭。勘探和识别这类圈闭的难度促进了勘探技术的发展。如果说背斜找油时期的地震勘探技术着重于提供储集层构造形态变化的信息，那么到了圈闭说找油时期则更加重视储集层内部岩性结构的变化，从而促进了地震勘探技术的大发展。20世纪60年代，地震数字记录取代了磁带记录，被认为是地震勘探技术的一次革命，一系列新技术如电子计算机用于地震数据处理、偏移技术用于构造成像、AVO技术用于储层预测、工作站代替了手工解释等。地震技术不仅能用于寻找构造圈闭，而且能用于发现地层圈闭、岩性圈闭。特别是三维地震的出现为识别地下复杂地质构造提供了最佳观测方法，是继数字地震技术之后又一次技术革命。在此期间，测井技术也迅速发展，在短短的20多年完成三次跨越：60年代中期数字测井代替模拟测井；70年代初期数控测井代替数字测井；80年代末出现成像测井。

需要指出的是，1979年发展成熟的合成声波测井技术解决了地震层序与测井资料之间的层位对比问题，为地质、地震、测井三者进行综合解释创造了条件，得以将地震的横向结构优势与测井的纵向高分辨率优势有机地结合在一起，通过反演技术进行目的层的岩性、岩相和储集性能的横向预测，为油藏描述奠定了基础。

（3）找油思路的第三次飞跃——从圈闭到含油气系统。

早在20世纪60年代，我国石油地质家从陆相盆地油气分布特征出发，提出了"成油系统"概念。认为"成油系统是各时期统一的与油气运移、聚集过程联系在一起的油源层、储集层、盖层、圈闭等成藏要素所组成的整体"。这一概念后来发展成为"源控论"，认为油气藏受控于生烃凹陷，并在生烃凹陷周围呈环带状分布。

到20世纪70年代，西方学者（Dow，1974；Perrodon，1980；Demaison，1984；Uemishek，1986）相继提出"含油气系统"概念，与10年前我国提出的"成油系统"相比，后者得到了有机地球化学最新技术成就和研究成果的支持。80年代末到90年代初，L.B.Magoon和W.G.Dow发展了"含油气系统"概念，并在实际应用和规范化等方面做了卓有成效的工作。1995年美国石油地质家协会正式出版了《含油气系统——从烃源岩到圈闭》一书，标志运用"含油气系统"的思路指导找油时期的开始。

含油气系统的找油思路可以概括为：通过油—源对比和其他相关技术确定有效烃源岩的分布或指出可能存在的新的烃源岩；通过对烃源岩的评价，计算生烃量和聚集量，对含油气系统的油气运聚效率作出定量评价；确定油气运移的主要方向和可能的通道；对油气运移方向和运移通道上的圈闭进行评价，择优钻探。实践证明，含油气系统提供了一个综合分析和运用各种资料信息预测油气藏的科学思维方法，将寻找圈闭的工作置于最有利的背景上，为发现油气田开辟了一条捷径，是继圈闭说之后，油气勘探思路的第三次飞跃。

含油气系统是在全球油气勘探程度总体上进入中高阶段的产物。圈闭的多样性和隐蔽性、储层的复杂性和多变性比以往任何时期都更加突出。油气勘探技术为适应这一需要正以更快的速度发展。20世纪70~80年代开始提出，90年代成熟应用的层序地层学和盆地模拟技术为油气系统的研究提供了新的内容和方法。三维地震技术的发展和应用使地震技术提供的构造和储层信息在数量和质量上都达到前所未有的水平。最新一代测井技术（成像测井）的应用使薄层、薄互层、复杂岩性及裂缝油气层的解释、评价水平达到新的高度。

含油气系统是当前世界油气勘探的主导思路。含油气系统模拟技术融汇了石油地质学及其相关学科的全部理论、方法和成果，以含油气系统的知识体系为基础，应用盆地模拟技术、可视化技术，直观地再现油气藏的形成过程和分布，是近年来发展最快的技术领域。这一技术主要应用于油气资源评价和勘探目标的优选，代表石油地质综合研究的技术前沿，是油气勘探目标定量评价技术体系的核心，预计将成为全球油公司勘探的核心技术。

纵观 160 多年的全球找油历史，是一部不断实践、不断认识、由低级向高级、螺旋式发展的历史。人们从找油的实践中积累认识，当积淀到一定程度就会产生认识上的飞跃，形成新的找油思路和新的勘探技术，从而推动油气勘探进入一个新的时期。在这个新的时期，找油领域不断扩大，新的勘探技术也相继出现，并推动勘探进一步发展。随着油气勘探的发展又孕育更新的找油思路和相应的技术，将油气勘探不断推向更深更广阔的领域。

进入 21 世纪，我国油气勘探在一些非常规储层分布区，发现大面积连续分布的油气聚集，如鄂尔多斯盆地石炭二叠系的致密砂岩气（苏里格大气田）及三叠系延长组的致密砂岩油。这类非常规油气藏其实质是储层孔隙度和渗透率均低于常规储层的下限，油气被束缚在极小的孔隙中。对油气运移起主导作用的是毛管力而非浮力。导致这类储层中的油气藏无统一的油/气/水界面和压力系统。其所以能形成大面积连续聚集是由于储层和生油层广泛接触形成一个互相包容的共同体。

这类非常规油气藏的发现，对传统的"圈闭控油说"是一个挑战，它可能开启另一个新的找油思路。

作者简介：吴震权，中国石油勘探开发研究院原总地质师，教授级高级工程师。宋建国，中国石油勘探开发研究院原副总地质师，地质所所长，教授级高级工程师。

【案例 10】

油气勘探若干理论与实践问题的再认识（王文彦）

近年来，科学方法论及其在石油工业中的应用，受到普遍关注，反映人们就认识问题、解决问题向更深的层次探索，对开启智慧潜力，提升思辨能力和创新水平，无疑具有深远的意义。

油气从生成到聚集是一个极其复杂的系统，能观性与可控性均很差，采用观察、实验、模拟等方法，均有其局限性，勘探工作在很大程度上依赖"猜想"和"预测"。因此，勘探家的思辨能力起着十分重要的作用——"油气存在勘探家的脑子里"。

我国著名科学家钱学森院士倡导"大成智慧学"，认为地学研究具有双重思维形式，即逻辑思维（量智）和形象思维（性智），前者属客观，后者属主观。

美国人 B. W. Beebe 在 "Philosophy of Exploration" 中也提到，勘探地质家要在油气田发现之前，就要有个想象，这种独有的特殊地位，是其他专业人员所不具备的。将严谨的科学和工程实施与判断、经验、思路和直觉融合在一起，就是我们所说的石油勘探艺术。

我国古代思想家在探索宇宙间万事万物之理，对主、客观世界的相互作用，亦早有深刻的阐述——"天人合一"之道。

古今中外思想家、科学家，在认识论、方法论方面提出相似的论点，不是偶然的，它反映的是人类共同经验与普遍智慧的理性表达。

现今油气勘探主要依据是五项石油地质基本条件：烃源、储层、盖层、圈闭和运聚匹配，由大及小优选目标，也就是定盆—定凹—定区（带）—定点—定层的过程。

评估勘探成效，就新区而言，要视其是否在勘探初期或早期发现主要油田和储量；就成熟区而言，要视其能否发现新层系和新类型。大庆油田和渤海湾油区的发现历程，堪称成功典范，而长庆油田可谓"后起之秀"。

本文所述多为亲历，借此温故而知新，谈些粗浅认识，以期对后继者有所借鉴参考。

1. 发现源于关注"异常",从局部分析到整体综合——近海湖盆的认识过程

"近海湖盆是最有利的陆相生油凹陷"这一论点,始见于1977年,并为业内人士所接受与应用。从20世纪50年代以来,我国松辽盆地、渤海湾盆地、苏北盆地中、新生代地层中,陆续发现海相化石分子和海绿石矿物。在化石组合中,虽以陆相淡水至半咸水生物占优势,多为介形类、叶肢介、腹足类、瓣鳃类、鱼类、藻类和植物等,湖相生物特征十分明显,但也发现某些海生广盐性属种,如管栖多毛类、有孔虫类、鱼类等。根据生物种内变异加强,畸形个体发育等特点,说明与正常海水中生活的类型不同,已失去指相意义,但也能反映这些湖盆在发展历史上曾与海水有过联系,甚至受到海水的浸漫。

客观地讲,上述现象在一个时期并未引起勘探家们足够的重视,究其原因:一是海陆之争对局部地区找油并无实际意义;二是为捍卫陆相生油理论的"纯洁性",采取了"视而不见,见而不究"的回避态度。相反,科学的发现,往往就是从关注"异常"现象开始的,就是从"弄懂两边,站在中间"开始的。

应当特别指出,20世纪90年代,处于我国大陆腹地的鄂尔多斯盆地,也就是我国陆相生油理论的发源地,在上三叠系延长统内(华池地区),发现空棘鱼类和丰富的疑源类化石,经权威机构鉴定,均属海源生物化石。

为探究湖盆与海的关系,依据还原法则,用古地理法恢复了二叠纪至新近—古近纪海陆分布状况,准噶尔盆地上二叠统、鄂尔多斯盆地上三叠统、松辽盆地下白垩统、渤海湾盆地古近系均属近海湖相沉积。

由于海浸发生在湖盆的发育阶段,因而对生油层系的形成产生有利的影响:濒临海洋的湖盆是陆表水汇集场所,水源充足,水体富含生物营养;受海洋气候影响与调节,有利生物繁殖发育。据有机地化研究,近海湖盆烃源岩的有机质丰度、类型均优于内陆湖盆,与海相生油层相近。

根据上述近海湖盆目前已发现的石油地质储量,约占全国总储量的90%,充分说明近海湖盆在油气勘探中的重要地位。因此,搞清不同地质时期沉积剖面中海浸层位、有机质类型、生烃潜力及其对油气生成的贡献,以及湖岸线与海岸线的分布和关联程度,是盆地分类与评价的重要基础。

2. 抓住大方向,选准突破口——两个油区发现的差异

生油深凹陷控制油气分布(源控论)是我国陆相盆地油气勘探最基本的理论依据。一个新区勘探,首先要明确的,就是生油凹陷的位置——定凹,已成为找油的一条铁律,然而,事实并非都如此。

(1)一个新油区的快速发现——南阳油田。

南襄盆地勘探是在江汉油田会战期间(1969.7—1972.7)进行的。由于备战形势紧迫,实行了快找(储量)、快拿(产量)、快建(地面工程)"三快"方针,和边勘探、边开发、边建设的"三边"政策。会战规模之大、上得之猛、期望之高是前所未有。因此,勘探工作如按常规程序是难以满足的。

南襄盆地面积17000平方千米,由南阳、枣阳、襄阳三个凹陷组成。勘探一上手,根据仅有的重力图和少量地震剖面,同时在三个深凹陷处(重力低)钻探,以确定有无生油层,结果排除了襄阳凹陷和枣阳凹陷,而定在南阳凹陷的南1井,揭示了新近—古近系厚度大,红黑层相间,有一定生油条件,继之由此往东,在更接近深凹陷区钻探了南2井,发现新近—古近系暗色地层厚达千米,生油层十分发育,这一发现极大地增强了找油信心。与此同时,地震工作也在深凹陷区加紧进行,在发现的沙堰鼻状构造上定了南4井,取心见荧光显示,紧接着,根据地震构造草图和剖面,发现了东庄和魏岗两个背斜构造,于是分别钻探了南5井和南6井,两井均发现油层,南5井提捞日产油2.9吨,南6井自喷日产油72.2吨,从而发现了南阳油田。

南阳凹陷的勘探从"三选一"定凹开始,就十分明确的以追踪有利生油区为主要目标,在工作部署上,打破常规程序,突出一个"快"字,历时仅14个月,只打探井4口(其中南3井工程报废),就取得重大突破,

成为新区勘探快速发现油田的范例。

（2）一个老油区的迟到发现——长庆油田。

鄂尔多斯盆地面积 37 万平方千米，石油开采始于 1907 年，中国大陆第一口油井（延长一号井）即诞生于此。该井井深 81 米，产层为上三叠系延长统，日产油 1~1.5 吨。

新中国成立以来，勘探工作以素有"磨刀石"著称的延长组为主要目地层，重点在以下三个地区：

①陕北"三延"（延长、延安、延川）已知含油区周缘；

②宁夏"西缘断褶带"，寻找物性较好的油气聚集带；

③内蒙古伊盟隆起（巴得马台地区白垩系砂砾岩中含大面积油砂）。

上述勘探格局，历经几上几下，反复迂回，前后延续 20 年，只在盆地西缘找到几个小油气田（马家滩、李庄子、刘家庄等）。至 1970 年全盆地年产石油仅 20487 吨。

20 世纪 70 年代初，强化了"三线"地区找油力度，油气勘探出现了重大转机，在部署的探井大剖面中，有些接近盆地南部延长统油源区的井，相继发现了油层：庆 3 井日产油 27.2 立方米，从而发现了陇东地区第一个侏罗系油田（华池油田）；庆 1 井日产油 36.3 立方米，发现了盆地中最大的侏罗系油田（马岭油田）。产层均为延安组底部砂砾岩层，油源来自下伏层延长组。

本轮勘探最重要的成果，就是证实盆地南部存在一个面积达 5.4 万平方千米的延长组生油坳陷区，从而结束了长达 20 年寻找主战场的徘徊局面。

进入 80 年代，围绕生油坳陷区开展了更大规模的勘探活动。与延长组主力烃源岩沉积建造同时，湖盆的北东、北西、南西方向，发育有三大物源体系，形成以三角洲前缘水下分流河道砂体和砂坝为主的储集体，在总体为低孔、低渗的背景上，局部发育有高孔、高渗带，储层和烃源岩的交互叠置，形成自生自储岩性圈闭的油藏或构造——岩性复合型油藏。

1983 年首先突破了安塞三角洲，塞 1 井获日产 59.86 吨的高产，一举打开了延长组勘探新局面。到目前已发现有安塞、靖安、西峰、姬塬等亿吨级储量的大油田。

延长组三角洲形成的油田勘探，已经成为盆地石油储量增长的主角，也是全国储量、产量增长最快的地区。2010年全盆地产油已达3015万吨（含延长油矿1190万吨），若加上古生界天然气产量211亿立方米，油气当量已超过5000万吨，居全国各油区之首，成为我国石油工业发展的后起之秀。

鄂尔多斯盆地中生界复杂岩性油藏的勘探实践，极大地丰富了我国陆相盆地成油理论，为勘探隐蔽性油气藏提供了宝贵经验。

3. 按照实际情况决定工作方针——辩证思维在找油中的应用

辩证思维的应用，是依据不同时间、地点、条件，对具体问题作具体分析、具体对待，而不是一成不变，照搬硬套。自然界没有完全相同的盆地，也没有完全相同的油气藏，研究本地区找油的特殊性，是创造性思维的灵魂。

（1）延长油矿找油的重要启示。

当今油气勘探以地震方法为核心技术是毋庸置疑的，但在某些地区也有其局限性，如黄土高塬的切割地形。地处陕北的延长油矿，则因地制宜，根据地面条件复杂、地下构造简单、含油气层系多、分布广泛、局部富集等特点，独辟蹊径，探索出一套地质—地表油气化探—非地震物探综合找油方法，以及相适应的勘探程序，取得非常好的勘探效果，综合异常区的钻探成功率达76.5%，而成本只有二维地震的1/10，三维地震的1/100，成果令人十分鼓舞。

延长油矿从实际出发，在油气勘探、工程实施和经营管理诸方面，都创造出有别于其他油田的做法，从一个低产、低渗透油层中，年产出石油近1200万吨，实可谓百年老矿创造了奇迹！其主要措施：

● 突破了"三边"（村边、河边、路边）地形局限，极大地提高了"地下资源的面积利用率"；

● 大力推广丛式井，从修一条路打一口井，发展到修一条路打一组井，开发一块面积；

- 强化压裂作业规模，掌握了一整套特低渗透油层注水开发技术；
- 国家"以油养油"的扶持政策，是实现转折的关键。

回顾对延长组油层潜力的评价，很长一段时期认为是"处处有油，处处不流（康世恩语）"。曾任油矿总地质师的杨毅刚，在油矿年产尚不过几万吨时(1975年全矿年产仅3万吨)，口出"狂言"谓"延长可以达到年产100万吨"，被人称为"杨疯子"，生动地说明人们在认识上，主客观间的巨大差距，而现实也充分说明，主观能动性的巨大作用。

2004年吕牛顿教授曾尝试应用翁文波院士的预测模型，对延长油矿原油年产量基值的发展变化进行了计算，预计21世纪30年代峰值产量可达1370万吨，最终采出量为7亿吨。

(2) 一个被忽视的找油方法——近地表油气化探。

近地表油气化探是建立在油气微渗漏理论基础上（烟囱效应），直接检测与烃类有关信息的方法。

众所周知，陕参1井是我国陆上第一大气田——长庆气田的发现井，该井位于林家湾构造（后经钻探证实为非构造圈闭），产层为奥陶系马家沟组顶部针孔白云岩，1989年6月经酸化压裂，日产气13.9万立方米。

鲜为人知的是，早在此一年前，通过该构造的区域化探剖面(M102)检测发现，重烃、△C、土壤热释汞、壤气汞等化探指标，均有明显异常反映，特征明显、配置合理，异常宽度达16千米，是一个典型的多指标地球化学综合异常，分析烃类来自深部，预测为一含气构造。

遗憾的是，上述资料及其所作的准确预测，并未得到应有的重视。

此外，1990年为配合航空遥感在塔里木盆地进行的实验研究，曾做过一条从轮南至塔河边的南北向地面化探剖面，烃类指标在已知油田上方均有异常反映：如轮南油田(T5 15-19)、桑塔木油田（T5 01-07），特别是T1 07-16异常段，即以后钻探证实的吉拉克气田。

上述例证表明：一种勘探手段是否有效，只能通过实地验证，才能作出正确的判断，在此之前，轻易地否定或肯定都是草率的。

4. 科学与民主——正确决策与可持续创新的保证

科学与民主对创造性思维的作用，论述已经很多。就油气勘探而言，其实质就是实事求是认识地下情况，以包容心态对待不同意见。由于工作中的好大喜功、急于求成的功利路线；对不同学术观点，采取打压政策；在缺乏科学论证和客观评估的情况下，急于上马，造成决策上的失误和经济损失，是不乏例证的。伴之而生的则是随风附势、报喜不报忧，甚而弄虚作假等学术不正之风，其危害之深远，也是不可低估的。

（1）"裂缝说"与"悲观论"。

自1957年起，四川盆地的油气勘探，即由龙门山山前带重点转向了川中地台。经过地面连片详查和细测，共发现平缓背斜24个，并对其中重点构造进行了钻探。

1958年3月10日、12日、16日，先后在龙女寺构造2号井凉高山组（Jt^5）和蓬莱镇构造11号井大安寨组（Jt^4）喷出原油，日产分别为16吨和70吨，南充构造3号井（Jt^3）不到2小时，就喷油189吨。这一重大事件，震动了全国，也极大地提高了在地台找油的信心。

1958年11月，原石油工业部抽调全国力量进行大会战，开始先在上述3个构造上钻探20口关键井，以便为大规模会战提供更翔实依据，结果很不理想，出现不少干井，少量油井都是低产。以著名石油地质学家李德生院士为首的少数科技人员，根据钻井、取心、测试等资料，提出凉高山、大安寨组油层是薄油层、物性差、储油层属裂缝型的论点，并提出调整部署意见。令人不解的是，这种正确意见不但未被接受，反而以散布悲观论，当作"白旗"进行了严厉的批判，继续坚持储油层是孔隙性的，油藏具有大面积、多油层、产量高特点，布井及相应技术措施均按孔隙型油藏对待。至此，也只能听到"川中油田就是好，产量大来压力高"一种声音了。

会战历时5个月，在11个构造上共钻井72口，共发现蓬莱镇、龙女寺、南充、合川、罗渡、营山、广安等7个小油田，其中产油较好的只有9口井。

实践证明，川中地区在纵向上为多层系含油，横向上分布广泛，并不局限于背斜圈闭，储集空间主要为裂缝，以及由裂缝连通的晶洞、溶洞、介壳间隙等，油气富集程度和单井产量均与裂缝发育程度密切相关，钻遇裂缝就高产，否则就低产或不产。

川中会战是新中国成立后不久继克拉玛依油区会战以后，又一次大规模的石油勘探会战，这次成效不大的会战说明，任何主观愿望都不能代替客观事实，只有实践才是检验真理的唯一标准，也是认识客观世界的唯一途径。康世恩老部长曾多次感慨地说：我这一辈子参加的10场石油会战，唯有四川会战没有打下来，是最难剃的"癞子头"。"不征服四川复杂油气藏，不把四川油气搞上去，我绝不死心。川中这块油藏敲不开，我是不瞑目的"（康世恩，1995）。

（2）古河道说与"妖风论"。

20世纪70年代初，鄂尔多斯盆地陇东地区相继发现产量较高的庆1井和庆3井，产层均为侏罗系延安组底部砂砾岩层（延10）。在认识延安组油藏形成条件过程中，我国已故石油勘探先驱王尚文教授在深入现场调研后，是最早提出"古河流"这一成因论点的少数学者，对这一正确的学术观点，在尚未深入了解之前，即被斥为"刮妖风"，长期予以排斥，理由是河道沉积中，只能形成规模不大的"带状油藏"，河流说又成为另一种悲观论调。

进一步勘探、研究表明，印支运动末盆地抬升。在上三叠系延长组生油坳陷内，剥蚀成一条近东西向古河流系统，河流之间古高地形成的圈闭，为延长组油气二次运移提供了聚集条件，形成主力油层为延10的次生油藏，古河道两侧成为延安组油田主要分布地带。

（3）解决之道——发扬大庆精神。

20世纪60年代初开展的大庆石油会战，实事求是地总结了50年代的勘探经验，深刻认识到，对地下情况不清，会给勘探工作造成严重损失的深刻教训，明确地提出"石油工作者的岗位在地下，工作的对象是油层"。这一要求，成为当时全体石油职工的行动指南，兴起了尊重科学，重视实践，大兴调查研究之风，把取全取准20项资料和72项数据，作为勘探开发油田的调查研究提纲。在勘探决策过程中，为避免和减少长官意志作出片面的决定，充分发扬技术民主，集中群众集体智慧，实行了"五级三结合技术座谈会"，较好地解决了主观与客观、认识与实践、民主与集中的矛盾。这些行之有效的办法，在现实工作中，应当延续发扬。

5. 结束语

（1）发现科学问题，要比科学发现更重要，因为进一步的发现是从问题开始的。（2）改变思维惰性，与开启思维创新同样重要。相同的问题重复相同错误经常存在，科技人员始终保持"好奇"的心态是十分必要的。（3）"知难行易"与"知易行难"同时存在。知道的事情，不一定能理解，理解的事情，不一定能做到。深入分析问题和坚持不懈努力，是成功实现目标的保证。（4）少数人引领，多数人跟进是科技创新的普遍规律。学科带头人应具备三个基本素质：即知识（信息量）、智慧（分析、综合、创新）和能力（组织、协调实现目标）。发现精英、培育精英、各得其所是科技领导者的重要贡献。（5）解决复杂的巨系统问题，在方法上要做到四个结合：即定性判断与定量分析、微观分析与宏观分析、还原论与整体论、科学推理与哲学思维4个结合。（6）"大智兴邦，不过集众思；大愚误国，皆因好自用"。认识客观从多面才能全面；探索之路，殊途才能同归。以包容的心态对待"异质思维"，科学园地才能百花盛开，经久不衰。

作者简介：王文彦，中国石油勘探开发研究院原副总地质师，遥感所所长，教授级高级工程师。

【案例 11】

以"河流砂体储层研究"为例浅谈科研方法（裘怿楠）

1."创新"——首先要选准选好研究课题

有生命力有创新可能的课题必须是生产中需要并有深远（长远）影响（意义）的关键（重要）问题。作为企业科研单位就是要去生产实践中发现和找到问题。

1980 年我调到北京石油勘探开发研究院开发所工作，当时课题是由研究人员自己选择上报批准，还没有那么多国家、总公司、各业务单位下来的课题。我从大庆油田储层沉积微相研究取得初步成功得到启示，考虑来研究院后开展全国储层的"沉积微相—非均质性—注水响应"研究，经初步统计发现国内主力油田有 48% 以上的储量是赋存于河流砂体中，而且河流砂体又是各类储层砂体中非均质性最严重和注水开发中油水运动最复杂的，改善河流砂体注水开发，提高其采收率是居于各类储层首位。当时开发所地质室新老人员总共不足 10 人，决定申报开展"河流砂体储层、非均质性、注水开发油水运动规律"研究。经研究院批准和部领导（闵豫副部长）关心还给特批了一架理光照相机（成为我们研究小组最宝贵的器材）。

至今，国内东部主力油田进入高含水期后，剩余油潜力最大仍是在河流砂体储层的层内。

我们的研究成果"湖盆砂岩储层沉积模式、非均质性和注水开发动态"作为我国第一次参加 1983 年第十一届世界石油大会唯一被大会选中的两篇宣讲论文之一，宣讲后第二天《英国石油报》以一个版的篇幅报导该文的主要内容。1985 年在第三届国际河流沉积会议，宣读了论文"湖盆中河流砂体石油储层"后，著名河流沉积学家 Miall（至今国内院校研究河流砂体内部非均质性，一直在引用他的模式作为出发点）来信说："这是我第一次看到把河流砂体沉积研究应用于石油生产上"。并要求我给他的教科书上的应用版权签字。

更主要的是我们建立的河流砂体储层概念模型和分类预测方法、指标等成果，至今还在被油田应用于生产中。1988年该项目获得国家科技进步二等奖。

2."创新"——必须从最基础的工作扎扎实实做起

河流砂体储层研究开题后我们做了两件最基础的事。

（1）去国内各油田观察岩心，头两年我们跑遍了国内各油田岩心库（胜利、大庆、大港、辽河、新疆、长庆、华北、河南、吉林等）。观察了数千米（记不得具体数了）岩心，一厘米一厘米地描述，不仅观察河流砂体，相关的三角洲、水下扇、冲积扇沉积都看，有野外露头的地方同时跑野外。收集化验分析开发动态等相关资料，组内成员边看岩心边讨论，和油田同志讨论（一般情况油田同志都来参加我们一起观察岩心）。有的岩心在回北京后总结过程中发现问题再回去重看。这是花去研究组最多时间的工作。

（2）与河北地理所合作进行拒马河现代沉积调查。挖掘了一个曲流河点坝砂体的探槽，将今论古。详细描述了各种沉积现象，证实侧积披覆泥岩的存在和产状以及砂体非均质性，以及从河流规模预测侧积层的经验概念数字。以后几年又开展过辫状河砂体露头的概念式调查，一直发展到20世纪90年代由中国石油天然气总公司花500万元经费开展滦平、大同露头定量知识库建立的野外露头细测。

3."创新"——必须随时、及时掌握国内外同一和相关研究领域的动向，为我所用

科学技术是国际性的，每一学科又是与相关学科有联系的，绝不是孤立存在的。

我们企业科研单位更侧重于应用基础理论的探索。我们搞储层地质研究，是建立在沉积学的基础上的。而沉积学基础要依赖国际、国内科研院所和高校的研究。

我们开发地质研究是为油田开发服务的，为油藏工程、采油工程等提供地质基础。不了解工程界的需求和水平，地质研究成果就会无的放矢。

这些方面我们的做法是：

(1) 提倡及时阅读有关专业权威刊物。研究组要求年轻科研人员必须提高外文水平及时阅读有关权威刊物。要求年轻人每天至少看一页外文，AAPG、JPT、国际沉积学报等每期来后必须翻阅摘要，有关文章必须阅读。

(2) 课题开始后组织年轻人全文翻译1981年第二届国际河流沉积会议的论文集。对掌握当时河流沉积学现状和动向起了很好作用，也为提高年轻人英文水平起了促进作用（我还请情报所甘克文同志共同校核出版）。

(3) 每次出差我们总带着两本国外出版的英文工具书：《沉积学大百科全书》和《地质名词词典》，随时参考。

(4) 要求年轻人必须成为"半个油藏工程师"、"半个采油工程师"。学习有关知识和技术，我自己也是努力这么做的。扩大了相关专业的知识才能发现本专业的更深层次的问题，进一步去深化本专业的研究。这是螺旋式地上升的。

例如我们对各类砂体层内非均质的认识就是这么发展过来的。

首先在大庆、胜坨等油田从检查井等资料中发现正韵律的河流砂体水淹厚度很小，而反韵律的河口坝砂体水淹厚度大得多，开发效果好得多。只有在地质师和油藏工程师结合，通过各种地质模型的数值模拟反复计算，从水驱油过程三种力的共同作用下得到合理、规律性的解释后，砂体韵律性的客观规律性才成为开发地质师必须关注的重要属性，进一步从沉积机理上发现8种沉积方式必然产生不同各有特点的韵律性。形成了"沉积方式与碎屑岩储层层内非均质性"这一基本规律性的认识和结论，并得到普遍应用。

又如在大庆油田横切割注水中油藏工程师发现注入水总是向南运动比向北多，形成"南涝北旱"。也是从这一生产现象中地质师发现了河流砂体的"双重渗透率方向性"这一规律，通过岩心、薄片鉴定等分析手段证实与古河流流向的一致性。

这样的实例和储层地质发展的整个实践过程，可以举出很多，它们也充分说明，创新必须从生产实践中、生产需要中去发现问题，对企业的科研单位更是如此。这样的实例也说明下一个问题。

4. 一个重大"创新"都是在最基础的问题上（课题上）有所创新突破才能逐级上升到一个重大课题（领域）上的创新

在科技高速发展专业愈分愈细的今天，解决石油勘探开发领域的重大问题是处在多层次多种基础上的宝塔式结构的顶尖上。重大专项要搞"顶层设计"就是这个原因。

现在有一种不好的倾向：偏重于高层次的（名词、概念）创新，而忽略了或轻视了基础专业关键点（薄弱点）的创新。

过去我带研究生的最大收获体会是把开发地质科研中的薄弱点或需探索发展的问题解剖成一些比较小的专门课题，研究生两三年内可能完成的，一位研究生承担一个，逐年探索积累，对整个开发地质发展多少起到了一定的推动作用。如第一位研究生让他研究"冲积扇储层"，因为当时是空白。有一位让他研究古土壤演化成熟度能否应用于河流砂体的小层对比问题，取得了很好效果（AAPG发表了他的文章）。第一位博士生让他探索用野外露头建立砂体定量知识库，他在青海油砂山做的工作是我国这方面工作的第一例。当国外兴起地质统计学时，让一位研究生探索克里金的应用，一位博士生探索随机建模方法。一位博士生转向地质地球物理的结合，已成为储层地球物理专家。一位学构造地质出身的博士后，让他探索低渗油田小构造裂缝规律研究，………我也竭力主张在完成生产任务时，如开发所为油田搞一个开发设计时，也必须有意识地把开发地质领域中的某一个需攻关的课题带进去，以任务带学科方式完成，以达到逐步积累成群的目的。

学科带头人和重大专项负责人必须对本专业（专题）各层次基础专业的薄弱环境和关键点心中有数。推动有关基础专业科研人员去逐个解决，才能集大成，形成重大创新。

5. 唯物辩证法 "两论"是科研人员必须具备的素质

自然科学和社会科学一样有其本身的客观规律，辩证唯物主义的认识论同样完全可用于搞科研。大庆油田"两论"起家就是最好例证。

我想这是永远推翻不掉的真理。我去大庆会战前，已在玉门工作10年，积累了一定的专业经验，此前还在哲学进修班经受了马列主义政治经济学、辩证唯物主义、"两论"等四个月的专门学习，但把"两论"思想自觉用于搞科研还是模模糊糊的。到了大庆油田后，从康世恩、焦力人等领导处理实际生产、科研工作中很自然地用"两论"思想解决问题，受到很大教育和启发。学的哲学也活了，在玉门积累的一些经验也活了。自觉思想方法，科研方法提高了一大步。今后在科研工作中思想方法的进步，是大庆油田、大庆油田老领导给予的宝贵财富，这是深有感受。

作者简介：裘怿楠，中国石油勘探开发研究院原副总地质师，开发所所长，教授级高级工程师，博士生导师。

【案例 12】

在掌握大量事实的基础上要展开想象的翅膀进行科学的推断和预测——油气沉积学研究的思考（顾家裕）

油气沉积学是沉积学的一个分支，油气沉积学的研究方法必须遵循沉积学的科学性和实践性，但也有其独特性。油气沉积学不但要研究一般沉积学所研究的原理、沉积过程、沉积物的性质、特征，沉积动力、环境及沉积改造，更重要的是研究沉积过程和环境对油气的生成、运移、储集和保存中的作用和意义。

油气沉积学是一门既重视理论又非常依赖于实践的学科，只有把理论与实践紧密相依，是以理论指导实践，实践丰富和完善理论的一个多反复的升华过程，最终才能达到创新和认识更贴近真理的目的。

为了达到油气沉积学的创新和认识一个事物而更贴近现实真理的目的，研究人员的品质和知识是十分重要的，研究的结果好比一个人要过河，而品质和知识就好比是船和桥或学会长距离的游泳。对于油气沉积学的研究不同的研究学者有不同的起点和切入点，但要达到上述目的，油气沉积研究者的基本素质要求是不可缺少的。

1. 关于塔里木盆地东河砂岩沉积学的研究

1989年12月30日东河1井开钻，1990年7月7日在5763～5765米井段，槽面油气面积已达70%。随即取心两筒，获取含油砂岩15.63米。7月11日对5755.4～5782.8米井段（厚27.4米）裸眼中测，11.11毫米油嘴求产，日产原油389立方米，以后又进行了多井测试都获得高产，油柱最大厚度可达120米，从而发现了东河塘高产油田，为了便于研究今后的工作，塔里木勘探开发指挥部决定对东砂岩进行全井段取心，为东河砂岩的研究工作提供了重要物质基础。东河塘油田的发现立即引起各级领导对东河塘这套砂岩的重视，并命名"东河砂岩"，且要求必须尽快发现东河砂岩的分布特征和规律，即必须回答这套东河砂岩的沉积相。为此，我们研究组立即奔赴东河塘钻井现场，观察岩心且取样。在观察岩心时发现这套东河砂岩总体呈灰白色，粒度粗细比较均一，而且成分比较单一、以石英为主，长石和岩屑很少。同时，把多次所取得的样品送中国石油勘探开发研究院实验中心进行多种项目的分析，与此同时研究组查阅相关资料，特别是在同一轮台断裂带上相距32千米的沙5井发现在薄层白云岩以下有260米的砾石层沉积，其中充满了沥青，这些砾石磨圆度好且呈扁平状、成分相对比较单一。两者联系起来，研究组成员头脑里已经形成一个粗糙的还不成熟的概念，这套东河砂岩可能是海相的，但由于证据不足，还不能公开说。随着分析化验资料的到来和大家从各方面汇集的资料分析和国外有关文献的查阅和积累，东河砂岩的特征和相的归宿逐渐显现和清晰。

通过研究和仔细分析，反复推敲，并与国外相关资料对比，研究组可以肯定地说，东河砂岩是滨海海滩沉积，总体在海滩中分布于前滨和临滨，东河砂岩的分布是不等时的，是随海浸的不断向陆推进而分布于古隆起围斜部分的斜向沉积体。这时，问题应当得到解决，其实不然，有研究者不承认，特别是其中还有一些是领导和决策者，这直接影响了结论的应用。还有一位专业领导找我们交换意见，希望我们放弃这个结论，"同意东河砂岩是风成的"，研究组承受着巨大的压力，再次对我们的研究进行检查和反复翻阅有关海相沉积的书籍，对基本问题进行梳理分析，我们坚定了信念和决心，认为我们的结论符合科学、符合实际，应该坚持。我们就跟那位专业领导说"领导研究的结论可以宣传发表甚至应用，但我们的结论不能改，因为这是大家努力的成果，属业务范畴，在科学上可以允许多种观点的存在，并在争论中去接近真理"。 过后他们在一个杂志上发表了"关于东河砂岩风成说"的文章，塔里木石油勘探开发指挥部为了谨慎起见邀请了两位全国著名的沉积学专家到塔里木石油勘探开发指挥部，对东河砂岩进行了全面的岩心观察和分析，我们研究组全程陪同。最后两位专家一致认为东河砂岩是滨海相的海滩沉积。由于权威的结论，这场小小的争论得以暂告一段落。应该说沉积环境解决了，其分布规律是不言而喻的，然而事情并未了结，围绕东河砂岩的分布又出现了不同的声音，在塔中4井出油后，有人认为东河砂岩是大面积分布，大约有几十万平方千米，且有人高兴地大喊：我们找到了一个储量比中东油气储量的总量还要大的油气田群。其实没有研究的空喊，其结果是给领导一个假象，以后在满加尔凹陷区也打了不少空井，特别是有人认为在塔中东面所谓的海湾内有东河砂岩，我们研究组专门为此去物探三处翻阅了所谓海湾区的地震剖面并表态，"这里没有东河砂岩"，但无人理会，其结果是钻了一口井，可以想象其结果是落空了。

这个实际的例子给了我们一些启示：（1）在长期陆相油气勘探中形成的一套思维方式，在面对海相油气勘探中，不能被原有成熟的思想所固化，必须有新的思路和想法，要不断地接受新事物、研究新情况，从而提出新的认识和见解。（2）对出现的新事物不能毫无研究和深入调查，只了解其表面而下结论，结论产生于调查研究之后，对事物进行了详尽的而不是敷衍潦草的研究、分析，了解事物的内在联系而不只观其表象，只有这样才能得出比较接近于事物客观实际的结论，这才是科学的和有生命力的，并能指导实践的。（3）对事物的认识是一个长期的过程，不是一朝一夕就能完成的，一些所谓正确的认识也只是阶段性的，是有限的，但还要在实践中不断地修正和增加内容不断完善。

2. 关于塔里木盆地库车坳陷克拉2井沉积相的争议

克拉2井在钻入3528～3534米发现两层古近系含气砂屑白云岩。在1998年1月下旬进行中途测试6毫米油嘴求产，日产气27.7万立方米，井口压力47兆帕。该井在3568米进入白垩系后测试日产气23.8～71.7万立方米，气柱高度443米，控制天然气储量2840亿立方米，是塔里木盆地发现的最大气田。但在气田发现过程中对于沉积相和储层的性质一直存在分歧，我们研究组根据白垩系砂岩形成的地质构造背景和沉积特征及储层性质认为该套砂岩应该是辫状三角洲沉积的优质储层，从沉积和储层的特征清楚地反映了白垩系巴什基奇克这套沉积应该是辫状三角洲沉积的优质储层。但当完成研究，上交报告成果时，某油田公司研究院坚持认为是属"冲积扇"沉积的中孔渗储层，不同意我们的结论。为此，我们又去塔里木现场，观测野外露头，追寻物源，并对野外露头重点区进行了仔细观察和记录，还取样分析。请油田公司研究院的研究人员一起观察岩心，在观察岩心时我们专门一边观察，一边讲解，说明为什么这样的沉积物不是"冲积扇"沉积，讲述上述沉积的特征和储层的特征。同时从反面讲述了其沉积中没有发现冲积扇中应该有的典型的沉积现象"筛余构造"和不可或缺的"泥石流"的沉积，而且，若是冲积扇沉积则沉积物应该偏粗，有大量的砾石，并且应该发现冲积扇中的扇缘沉积，实际上，在所有的岩心中从来没有发现上述情况。在观察岩心时，油田公司研究院的研究人员完全同意我们的观点，但当我们回到北京后，他们又否认了。我们认为，科学的问题不能硬性让人家接受，需要时间，需要等待，同时，我们继续加强研究，把工作做细、做实，并写文章阐述有关概念和基本原理在有关杂志上发表。没过多少时间总公司派储量小组去油田检查储量评价工作情况，对油田研究院对克拉2的沉积的储层评价并不满意，以其"冲积扇"及相关储层的认识，则储量很难计算，在无奈之下，油田研究院改变了对白垩系这套砂岩储层的认识，改为"辫状三角洲沉积的优质储层"，事情转变有点不合常理，为什么会突然改变自己的观点呢？我们不得其解。但不管怎样，事情总算有个结论。这件事说明，人们对基本概念和原理认识的重要性，如果你对"辫状三角洲"这个名词没有听说，也不了解其基本的特征，面对事物，就会茫然，而以自己原有的熟门熟路的东西对新的客观事物进行解释，必然会出现与客观事物之间的差错。而只有全面系统地掌握当前先进的理论知识，并在实际中得到应用，才能对出现的一些原来不熟悉的事物和现象做出合乎实际的解释。同时，一些认识和结论在不被人接受的时候或有人提出反对意见时要虚怀若谷，虚心研究他们为什么这样想，研究他们的结论是否有合理性。同时，进一步加强自身的研究，以他人之长补自己之短，和对方积极交流自己的成果，说明自己的想法，不要以势压人，并耐心地等待对方的转变，或不转变也没有关系，科学的问题是个认识的问题和思想的问题，要允许人家百花齐放，提出自己的想法。这样，学术的空气就能活跃，学术就会繁荣、科学就能进步，创新就会不期而至。

3. 关于塔里木盆地生物礁

目前，对塔里木盆地的生物礁的存在已经是不争的事实，没有任何人怀疑，但在1997年当我们研究组在塔里木勘探开发座谈会上发言提出在塔中奥陶系中存在异常体时，却遭到强烈反对，有的同志拍着胸脯说"我可以保证，是火成岩而不是生物礁"，当时因为我们自己仅从地震剖面上发现底平顶凸的反射结构而言，在塔中5井岩心中仅发现有滑落的生物礁岩体，其他也没有太多的证据，会后我们专门设立了一个专题，研究塔里木盆地奥陶系是否存在生物礁。从野外入手，在三叉口—西克尔一带进行野外踏勘，我们在三叉口东部的山中发现了一个约长达十余米，高三米左右的一个生物礁体，并进行了取样，同时在西克尔地区也发现了较连续生物礁体，是一个生物礁发育带，长仅百米，高大约2.5米，并发现在生物礁发育带有大量溶洞的出现并充填了一些热液矿物，如萤石等，当地人还在那里开萤石矿。在室内我们分两个方面进行工作，一方面查阅国内外关于生物礁的全部资料，在前苏联地区在奥陶系中以前是发现了生物礁的，甚至在寒武系中也发现有藻礁，与此同时还与地质矿产部合作，对塔中地区5个地质异常体进行磁异常工作，发现5个异常体中有3个是无磁异常值的，而其中2个有很高的磁异常值，说明其中3个异常体不是火成岩体，可能就是生物礁。另一方面对我们野外所采集的样品进行室内分析，发现生物礁中造礁生物的含量可达30%以上。造礁生物相互交织，形成具抗浪结构的坚固的生物骨架，能抵抗风浪，还有附礁生物附着于其骨架，避免风浪的侵袭而生长，又捕集海水中的灰泥和其他生物的遗骸。塔里木盆地中、上奥陶统中的造礁生物主要有海绵、苔藓虫、层孔虫、珊瑚、托盘类、蓝绿藻、管孔藻等。塔里木盆地中、上奥陶统生物礁中的附礁生物主要为角石、腹足类、腕足类、棘皮类、介形虫、海百合以及各类钙藻等，它们虽然不直接参与造礁，但残骸却是礁灰岩的主要沉积物来源。其中，海百合茎尤其重要，它们大量快速地生长于礁的侧翼，形成一个天然的生物屏障，减轻海流和风浪对礁体的冲蚀，起到保护礁体的作用，海百合碎屑堆积的棘屑滩又是生物礁生长的基础。通过野外、室内和磁性值的研究我们已经掌握了塔里木盆地奥陶系确实存在生物礁的证据，因此，在1998年的塔里木盆地油气勘探大会上研究组对盆地的碳酸盐岩的油气潜力分析作了大会报告，其中也介绍了塔里木盆地奥陶系确实存在生物礁的证据。随后又在研究院主办的《石油勘探和开发》杂志上发表了"塔里木盆地奥陶系生物礁的发现及其意义"论文，说明了中国以往仅有在陕西渭河以北地区、浙赣交界地区和湖北地区发现奥陶系生物礁的报道。本文对塔里木盆地发现早、中奥陶世生物礁的系统报道，结束了塔里木盆地奥陶纪"无礁"的认识历史。地磁研究认为，塔里木盆地在奥陶纪处于南纬0～30度的热带～亚热带气候环境。研究塔里木盆地奥陶纪生物礁中的生物组合和生物群落、生态环境，进行同位素测年和古温度恢复，可进一步佐证和修改由古地磁研究所确定的早、中奥陶世塔里木盆地所在的位置，通过研究礁体中沉积物的成分、结构、和礁体结构、礁体发育演化过程、不同成岩场条件下礁储集体的演化，有可能创造和建立符合塔里木盆地特殊条件的礁体沉积模式和成岩演化理论，丰富现代生物礁研究为基础的礁沉积学和储集层地质学理论。众所周知，生物礁自身既是优质的烃源岩，又具有良好的储集性能，孔隙度高，可以作为优质的储集岩。同时生物礁衰亡后，其顶部覆盖的泥膏岩是良好盖层，因此生物礁往往形成储量大、单井产量高的自生自储的油气藏，是油气勘探的重要对象。在塔里木盆地礁发育区，有大量热液通过断裂进入生物礁，形成大量高孔隙的萤石晶洞，增加了礁储集体的储集空间，塔中45井、塔中45-1井就是很好的例子。通过对塔里木盆地塔中野外的调查、研究和分析，我们研究组在1998年的塔里木油气勘探开发座谈会上报告了塔里木盆地碳酸盐岩油气勘探的潜力和方向，特别提出了塔中生物礁的情况，从此后对塔里木盆地存在生物礁的事实无人否定，塔里木盆地生物礁的发现已得到地质界、油气勘探界的高度重视。通过对构造运动、断裂活动、生物礁成岩作用和孔隙演化的研究，可以寻找更有利的构造环境、沉积相带和有利的成岩环境区，有可能为塔里木盆地台盆区的油气勘探开辟一个新的领域。事实证明，塔里木盆地生物礁滩的勘探已为塔里木带来巨大的财富，特别是近十年把生物礁和岩溶相结合，以生物礁为基础，通过各种溶蚀作用所形成的溶孔和溶洞。在塔中和轮南—英买力的斜坡带发现了油气勘探的新领域。

塔里木盆地生物礁的发现同样给我们很多启示：（1）研究工作者要对事物有一个敏感性和好奇心，善于发现"蛛丝马迹"并一追到底，弄个明白，有不发现誓不罢休的"韧"劲。（2）凡是新的事物，由于超出常规的思维，一旦出现总会有人同意有人反对，这是很正常的，只要坚持有毅力、不放弃，勇于前进不回头，并不断增加事实的证据，把工作做细做实，不愁得不到理解和承认。（3）在掌握大量事实的基础上要展开想象的翅膀，进行科学的推断和预测。有一位哲人说过：想象比知识更重要。对沉积学的研究更是如此，现代沉积学可以进行面上的观察和时间的积累，但对古代沉积而言，你不可能进入地下进行全面的观察，只有进行点和面的观察，同时要用现代沉积的知识和沉积相序的规律进行科学的符合逻辑的想象和推断，才能起预测的作用，即对油气勘探和开发有现实意义。

上述内容仅是科研组在20世纪末近10年的亲历，但这段研究时期对我们留下了深刻的印象和宝贵的经历，对我们一生都是宝贵的财富，从实际工作中学会工作，使我们认识了科研的艰苦性、复杂性和长期性，只有坚持、坚持、再坚持，探索、探索、再探索，才能增强才干，历练人生，在实际的工作中有所发现有所创新，才能对中国的石油事业起一些微薄的作用，年轻人在工作过程中成长、成熟、走向完美；老同志在工作中报效了祖国和人民，并在精神上有所满足和安慰。共勉之！

作者简介：顾家裕，中国石油勘探开发研究院原副总地质师，教授级高级工程师，博士生导师。

【案例 13】

系统深入分析事物本质，全面综合提高认识水平（谯汉生）

现代石油勘探的科学性，主要来源于对地下各种资料信息的综合研究。所谓石油地质综合研究，就是研究沉积盆地中油气运动方式与油气分布的科学。油气在沉积盆地中生、运、聚、散等运动方式的研究，建立在各相关学科（构造、地层、沉积、储层、有机地球化学、油气藏等）的专门研究与系统研究之上。特别强调由表及里、由特征到本质、由宏观到微观，层层深入的研究方法，最终形成完整的基础理论系统。而油气在沉积盆地中空间分布规律的研究，需要石油地质各相关学科相互渗透、相互印证，并与地球物理等方法技术相互结合起来，践行从特殊到一般，由个性到共性，从局部到整体的研究进程。达到既能正确认识和正确解释客观世界的理论高度，又能从已知推未知，科学预测油气在沉积盆地中的空间分布，并且经受得起钻采等工程实践的检验，发现新的油气田（藏）。

前几年我们在"东部深层"研究中，就特别注意分析与综合，宏观与微观的结合。一开始就分别从地层（年代地层、古生物地层）、构造（区域构造与石油构造）、沉积相、沉积层序、储集岩石、有机地球化学、深层成藏机制与油气资源评价等多方面入手，对深层的成油地质条件进行了系统深入的分析解剖，从中发现了深部储层与成藏机制的研究是深层油气勘探的关键。通过对深层各类油气藏的解剖发现，深层烃源岩的生烃过程，基本上是高温高压条件下生烃排烃的过程，因此，处于压力释放带上的圈闭，更有利油气运移、聚集。首选目标应为不整合与同生断裂附近的潜山孔洞缝发育带与高压岩性油气藏等。十多年过去了，在东部深层已发现了一系列中、低位序的潜山油藏与潜山内幕油藏，以及成群的岩性油气藏；科学认识与预测都经受住了勘探的检验，对东部深层的科学认识正在不断发展和深化。

作者简介：谯汉生，中国石油勘探开发研究院原副总地质师，教授级高级工程师。

【案例 14】

独立思考、发展创新（谯汉生）

人类的科学技术是不断发展、不断前进的，永远也不会停留在同一个水平上；永远也不会在达到一个所谓的"顶峰"之后，就再也没有比它更高的高峰可以攀登了的"神话"。总是山外有山、天外有天。科学真理的发现，科学技术的发明，永远也不可穷尽。

因此，科学技术工作者首先要不断解放思想，善于独立思考，勇于打破传统的固有的思维模式和思维方法。我们既珍爱书本和尊敬师长带给我们的知识，但更爱真理，更希望有所突破、有所创新。因此，在科研中要大胆质疑，突破传统知识可能存在的各种局限性。提倡"标新立异"，"力排众议"和"独树一帜"，勇于开拓前进，坚定地走发展创新之路。

1941年，潘钟祥先生在美国发表论文"中国陕北和四川白垩系石油非海相成因问题"。第一次明确提出我国"陕北发现的石油无疑是非海相成因的"，"从四川白垩纪地层得到的石油可能来自自流井石灰岩，一般也认为它是淡水成因的"。一石激起千层浪，潘先生的论文在当时石油海相成因学说占统治地位的欧美及中国学术界，产生了巨大的影响。在今天看来，潘先生的科学精神最可贵之处是"不唯洋、不唯书、不唯师"，完全从科学实践出发，从科学论据出发，独立思考，大胆提出自己的真知灼见，率先开陆相生油学说之先河。这种创新的科学精神，追求真理的科学精神，应该值得我们永远铭记。

作者简介：谯汉生，中国石油勘探开发研究院原副总地质师，教授级高级工程师。

【案例 15】

非均质储层测井饱和度定量计算理论——科学抽象提升出共性规律（李宁）

众所周知，经典测井解释体积模型在分层各向均匀的假定条件下，把地层抽象为流体和骨架。1942 年 Archie 提出利用电阻增大率确定储层孔隙度及含油饱和度的方法后，60 多年来关于饱和度计算公式的研究和改进一直没有间断，而且是测井最活跃的前沿领域之一。这期间，三个重要的研究结果分别是：1942 年纯砂岩体积模型及 Archie 公式（图1(a)）；1968 年泥质砂岩体积模型及 Waxman—Smits 公式（图1(b)）以及 1977 年"双水"体积模型及 Clavier 公式（图1(c)）。显然，这些研究都没有跳出分层各向均匀这一假定，只是分层的细化程度不同而已。因此，它们只适合分层均匀的砂泥岩储层，对非均匀各向异性的储层不适用。

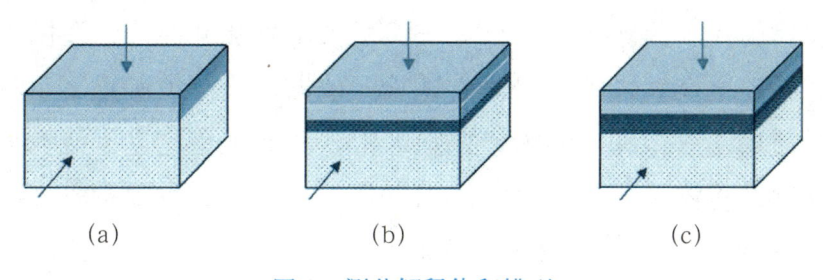

(a)　　　　　　(b)　　　　　　(c)

图 1　测井解释体积模型

我用抽象思维的方法对上述饱和度计算问题进行了深入研究。从前人的工作中看出，要彻底解决这一问题必须首先跳出"分层各向均匀，分层各向同性"这一假定，从更高层次"抽象出"共性规律。为此，我采用了完全不同的科学思路，即：完全从非均质储层实际条件出发，将任意岩石立方体切成 n 个薄片（图2），首先，研究其中任意一片上分布的 m 种介质的导电情况及形成的并联电路，然后，将 n 个切片形成的 n 组并联电路串联叠加起来，得到非均质各向异性岩石整体导电网络模型。求解后，得到电阻率计算孔隙度和含油气饱和度关系的一般形式，即通解方程。当通解方程的系数矩阵取不同值时，可以分别得到 Archie 公式、Waxman—Smits 公式和 Clavier 公式。即它们都是此一般形式在给定条件下的特例。换句话说，它们都是一般形式在给定条件下的截短表达式。

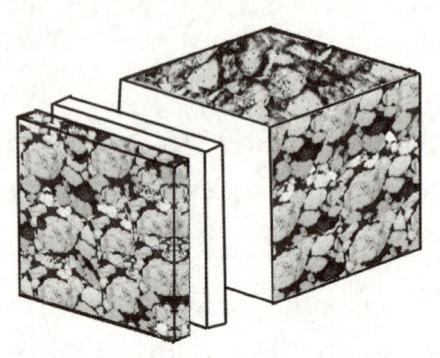

图 2　任意岩石立方体切成几个薄片

首次在国际上建立了非均匀各向异性条件下基质饱和度定量计算的理论模型和表征方法，形成了评价非均质储层的理论基础。为了得到更实用的简单公式，我又进一步提出，可以根据不同储层的非均质性，对一般形式进行优化截短。即依据实验，从一般形式中优化截取一个最佳表达简式。为此，我结合大庆深层火山岩测井评价，在国内率先开展高温高压全直径流纹岩岩心试验。依据实验结果确定了定量计算火山岩储层含气饱和度的最佳截短公式，从而完整建立了酸性火山岩测井评价技术体系，为庆深大气田勘探发现做出了重要贡献，此项目荣获 2008 年度国家科技进步二等奖。

作者简介：李宁，中国石油勘探开发研究院测井与遥感技术研究所副所长，教授级高级工程师，博士生导师。

【案例 16】

油气空间分布多元统计预测方法的建立——从似无关联的信息中找出联系，揭示其内在规律性（胡素云）

科学研究的任务是揭示和发现规律，而达到这一目标必须从现象研究入手。通过对大量的似乎没有明显的必然联系的各种资料和杂乱信息，去粗取精、去伪存真地深入分析，发现其内在的本质规律。在石油勘探中，就是要通过地质、钻井、地震、测井等已有勘探成果的综合统计分析，整合信息、建立联系、揭示规律。油气空间分布多元统计预测方法是这一哲学思想应用于油气勘探的典型实例。

科学抽象的特点之一是从毫无联系或没有直接联系的东西中找出它们本质的联系，揭示规律性。油气空间分布多元统计预测方法，是在分析和解剖已有方法的基础上，提出一种利用多元统计学与信息处理技术预测油气空间分布的方法。该方法用"马氏距离判别法"对信息进行集成，用贝叶斯公式计算已知样本的含油气概率，并由此建立不同马氏距离值下的含油气概率模板，然后采用该模版预测油气资源在空间分布的概率。

1. 从分散的信息中发现和建立联系——运用多元统计方法进行关联性分析

油气空间分布多元统计预测方法充分考虑到钻井信息和地震信息是油气风险勘探与含油气有利地区预测的最主要信息。把已完钻井当成一个集合，把集合中的个体（探井）分为两类，即工业油气流井和非油气流井（包括非工业油气流井），前者简称油气井，后者简称干井。所有油气井组成的子集称为油气井总体，记为 G_{HC}；所有干井组成的子集称为干井总体，记为 G_{DRY}。与这两个总体相对应的是反映该总体特征的数据矩阵 X_{HC} 和 X_{DRY}，由反映这两个总体的地质特征和地震属性变量的观察结果组成。希望通过探区内待探位置 x 点的地质特征和地球物理属性 X 与这两个已知总体特征相似性的比较，在钻井之前定量判断这些待定位置上油气存在的可能性。根据与已知总体相似性的比较来确定待探位置上油气存在的可能性实际上是一分类问题。通过分析这些因素和属性的分布规律，采用科学、合理的统计学判别分析方法，能客观地判别待钻探井的类别（油气井或干井），进而计算待钻位置的含油气概率。

2. 纷繁复杂的信息梳理——确定油气空间分布相关评价信息

研究区各类地质、钻井、地震等信息繁多，需要进行筛选，确定相关评价信息。本研究提出的技术方法与前人多元统计方法的最大区别在于其能综合利用多种与油气空间分布有关的信息，并采用贝叶斯方法将这些信息与勘探成果比较，计算出预测区油气存在的概率。这些信息可分4类：（1）地质信息，是一种成因信息。如果准确地知道地下的地质情况及其演化过程，可以从成因关系上准确地推测出油气的空间分布特征。（2）钻井信息，是了解地下油气聚集的最直接信息。（3）地震反射信息，是寻找地下有利油气聚集场所（圈闭）的主要资料。（4）勘探工程信息，特别是地震测网的空间特征信息，它能提供与油气空间分布有关的限制信息。

根据中国石油第三轮油气资源评价所确定的区带地质评价的标准，通常采用构造、储集层、烃源、运移与匹配、盖层与保存信息等5类若干项综合评价信息。其主要拟用评价信息需结合研究区成藏主控因素确定。

3. 合理筛选、信息处理——集成油气空间分布评价信息

信息集成过程分5步：（1）样本分类，即通过统计分析建立油气井总体和干井总体。（2）信息筛选，即主因素确定。由于各盆地控制油气聚集的主要地质因素不一样，需要对信息进行筛选，在油气井总体和干井总体中分布相近的信息为次要信息，反之为主要信息。(3)误差检验。通过计算油气井总体和干井总体的判别误差率来检测该方法是否适合在研究地区应用。如果误差率小于25%，说明该方法可行。（4）信息空间分布预测。采用克里金插值方法将所有评价信息插值到所要预测的

点上。（5）批量计算。除了计算已钻探井（井点）的马氏距离值外，还要计算所有预测点的马氏距离值。

4. 发现、揭示和应用规律——建立预测模板预测含油气概率

把信息集成结果（马氏距离值）按油气井总体、干井总体和待预测井点分为三部分。其中前两部分数据用于"可行性检验"和"模板建立"；后一部分将根据预测模板进一步换算为含油气概率。该方法具有明显的应用效果，南堡凹陷应用结果表明，在凹陷西北部的北堡和老爷庙油田，预测结果与目前的含油气井分布吻合；对勘探程度较低的凹陷东南部滩海区进行预测，指出了老堡南、南堡南、蛤坨等有利含油气区块。2005年已钻17口探井结果与预测符合率达81%，证明该预测模型对降低风险、提高勘探成功率有显著效果。

油气空间分布多元统计预测方法实现了从油气分布主控因素定性分析到油气空间分布多元预测的数学定量分析的一大跨跃。该方法通过现有的种种地质现象，透过现象看本质，分析油气藏形成和分布的种种控制因素，由定性到定量分析，揭示油气分布规律，进而预测油气空间分布。该方法运用统计学中的信息处理技术，能够很好地处理和集成油气地质信息，分析信息集成成果与油气钻探结果的关系，能够揭示油气分布规律。其优点是利用数据空间分布处理技术和图形展示技术，实现含油气风险（概率）在空间上的连续可视化，对指导油气勘探、减少勘探风险具有实际意义。

油气地质研究中面临构造、储集层、烃源岩、运移与匹配、盖层与保存等多类纷繁复杂的信息，这些并列信息中，似乎没有必然联系，但通过信息梳理和信息集成，利用多元统计学与信息处理技术，建立相关信息参数与油气分布概率之间的关系，进而预测油气空间分布。因此，能否从似无关联的信息中找出联系，揭示内在规律性，是科学研究实现跨跃和取得突破的关键。

作者简介：胡素云，中国石油勘探开发研究院总地质师，教授级高级工程师，博士生导师。

【案例 17】

流体包裹体方法及其在油气勘探中的应用——从高层次抽象演绎出低层次应用科学规律（胡素云）

科学抽象的特点之一是高层次的抽象必能演绎出低层次的抽象，并能通过实验验证。科学抽象往往具有极大的创造性，它往往必须超越观察事实，以理论的形态出现，这正是人们发挥创造力的所在。在矿物学和矿床学研究中的流体包裹体方法广泛应用于油气地质学研究，是从高层次抽象演绎出低层次应用科学规律的典型实例。

1. 高层次的抽象必能演绎出低层次的抽象——包裹体属于矿物学范畴，初始用于矿物学和矿床学研究

众所周知，包裹体是在矿物结晶生长的过程中，被包裹在矿物晶格的缺陷和窝穴内的那部分成矿流体，准确的应称为流体包裹体，习惯上称之为包裹体。流体包裹体属于矿物学范畴。按照流体成因及成分可分为无机包裹体（盐水溶液包裹体）和有机包裹体（油气包裹体）。有机包裹体又称为碳氢包裹体或烃类包裹体。它是由有机的液体、气体、固体所组成。液体如石油，气体如甲烷、乙烷等，固体如碳质沥青。多数有机包裹体含有一定量的水。

油气是地层中的特殊流体，捕获条件受很多因素制约。地层中油气流体不是提供主矿物生长的成岩、成矿流体，其捕获作用与一般盐水溶液包裹体捕获条件有所不同。通常是在油水共存体系中作为地层水中不混溶物捕获的单相或多相流体包裹体。在无水的油气流体中矿物不能生长，无新生矿物形成就难以捕获油气包裹体，它们在油气储层中的产出和分布受很多因素制约，观测研究的难度往往比盐水包裹体大。

包裹体最初用于矿物学、岩石学和矿床学的研究。研究成岩成矿时的物理化学条件，包括不同地质历史时期成矿流体的温度、压力、深度、pH 值、流体类型、阴阳离子成分、同位素组成等。石油天然气属于矿床的一种类型，是一种有机矿产。从概念的外延上来说，石油地质学属于矿床学的一个分支。

从固体矿床→流体矿床（石油天然气），从流体包裹体→有机包裹体，反映了从高层次抽象演绎出低层次应用科学规律。固体岩石圈的矿物岩石组成最初产自于流体，从流体中结晶而成。用于固体矿产研究的流体包裹体方法，主要用来揭示成矿时的物理化学环境和条件。20世纪90年代后才逐渐应用于石油地质研究。21世纪以来，流体包裹体方法在油气成藏年代学研究中得到了广泛应用，已成为目前油气充注和成藏历史研究的一种重要方法。

2. 由高层次抽象演绎出的低层次抽象"更具体、更深刻、更生动"——流体包裹体方法在石油地质学中的广泛应用

从高层次抽象演绎出的低层次应用科学规律"更具体、更深刻、更生动"。包裹体方法最初在岩矿学中的应用很局限，自20世纪90年代以来开始应用于石油地质领域，得到了多方位的开发利用，无论在应用范围上，还是在技术手段和实验方法上，都得到了空前的发展。从沉积物埋藏后经历的各个成岩阶段，油气的生、排、运、聚、散，在油气演化的各时空阶段，都渗透了包裹体方法的应用。流体包裹体在油气地质研究和勘探中的应用主要有以下几个方面：

（1）流体包裹体方法在生油盆地分析中的应用。

有机包裹体研究在生油盆地分析中的应用主要有：①盆地构造演化史分析，定量计算沉积盆地的沉降幅度、抬升剥蚀程度，建立构造演化模式；②恢复盆地古地温、重塑生油热历史，目前常用的镜质体反射率方法存在许多局限性，流体包裹体方法是传统方法的有效补充；③层序地层学研究，流体包裹体方法实现了层序地层学与成岩作用的有机结合，使得成岩层序地层学应运而生，可从多角度来识别和研究不整合面和海平面的变化；④断裂／裂缝构造分析，通过对断层（裂缝）充填物、胶结物（方解石、铁白云石等）中的流体包裹体的系统研究，可正确区分不同期次的断层／裂缝及其中的油气充注情况；⑤岩相古地理研究，沉积岩中包裹体类型、成分及相态特征与古环境及沉积物特征有明显的相关性，可将有机包裹体研究引入到古沉积相分析中，避免了常规方法可能造成的偏差。

(2) 流体包裹体方法在油藏地球化学研究的应用。

包裹体方法在油藏地球化学方面的应用研究主要包括：①油藏化学成分的时空变化研究，根据不同期次、不同次生矿物或裂缝中的包裹体成分研究，追溯油藏化学成分的时空演化；②油气源追踪对比研究，通过群体包裹体色谱—色质分析、单个包裹体成分、包裹体相态组成等综合分析，判断油气源类型和成因对比；③古流体演化分析，通过低共融点、冰点、盐度等综合分析古流体类型和演化特征。

(3) 流体包裹体方法在成藏动力学研究中的应用。

流体包裹体在成藏动力学研究中的应用包括：①研究油气运移的通道，岩层中大量裂缝网络的每一次"裂开—愈合"作用，均留下相应的包裹体排裂迹线，这些包裹体群既可反映圈闭的物理化学条件，又保留着古流体渗流的"化石"通道形态；②确定油气运移的相对时间（或期次），通过不同期次裂缝胶结物中有机包裹体的系统研究，划分不同油气运移期次的有机包裹体区分标志；③确定油气的演化程度和形成阶段，随着有机质从低成熟向高成熟演化，有机包裹体的类型、颜色、相组分、荧光颜色和强度比值及光谱形态等都呈现明显的变化；④判断油气源的性质，根据群体包裹体中生物标志物和激光拉曼分析结果的差异性，进行油气源追踪对比，判别油气来自于煤成气或油型气。

(4) 流体包裹体方法在油气资源评价及勘探远景预测中的应用。

不同成熟度的烃源岩或不同演化阶段的储集岩中存在着不同类型、相态、组分、丰度特征的有机包裹体，因而通过对包裹体各种参数的系统研究，可直接评价、预测油气藏。①应用有机包裹体类型、相态特征评价油气藏，根据有机包裹体类型、相态特征可对油气藏经历热演化阶段和油气藏类型进行评价；②应用有机包裹体的流体势分布预测油气圈闭部位，近来年一些学者将势能原理应用到分散状态的石油和天然气勘探中，建立了油气运聚的流体势理论的动力学分析方法；③应用有机包裹体的丰度特征评价生油岩或储层，根据有机包裹体的丰度可评价生油岩或储层。近年来，国内外学者根据GOI参数判断含油气性，GOI>5%为油气层，1%≤GOI≤5%为油气运移通道，GOI<1%时为干层；④应用有机包裹体的成分特征预测油气勘探远景

区，石油在演化过程中有不断加氢作用，使原油从未成熟到低成熟阶段气体以 H_2O，CO_2 为主，到成熟阶段以 CH_4，C_2H_6，C_3H_8 为主，到最终甲烷阶段 95% 以上的气体为 CH_4。故可利用包裹体成分中 $CH_4/(CH_4+H_2O+CO_2)$ 或 $CH_4/($总有机组份$)$ 比值来判断工作区油气演化到什么程度，从而决定找油或气的可能性。

3. 高层次的抽象演绎出低层次的抽象，同时又超越了高层次的抽象——油气包裹体应用研究发展和完善了传统的包裹体理论

从高层次抽象演绎出低层次应用科学规律，学科及其方法技术得以发展的推动力是研究对象的特殊性和复杂性。含油气盆地大多经历多期构造运动叠加，构造格局和沉积特征发生多次变动，导致古流体体系的破坏、油气水重新分配调整，使得盆地流体体系从旧的平衡到新的平衡的不断更迭。盆地多套烃源层、多期构造运动及多期成藏的特征，使得油气源追踪、油气运移、油藏的成烃和成藏期次的研究复杂化。同时，沉积岩中的包裹体发育时期、分布的部位和物质组成上具有自己的特殊性。在时间上包裹体发育于沉积物埋藏以后的成岩作用过程中，其空间分布非常局限，只能"见缝插针"，跻身存在于孔隙(洞)胶结物、愈合裂隙、加大边或重结晶的矿物中，物质组成决定于当时的地层流体环境。解决这些问题的关键是辨别混合后的多源油气，恢复油气生、运、聚、散的历史。流体包裹体方法在这些方面的研究中有着自己独特的优势和广阔的应用空间。

科学抽象往往具有极大的创造性，它常常超越观察事实，以理论的形态出现，这正是人们发挥创造力的所在。从高层次抽象演绎出低层次应用科学规律，科学研究和学科发展才有生命力，理论和方法的应用才能更广阔、更精深。在矿物学和矿床学研究中的流体包裹体方法广泛应用于油气地质学研究，不仅是流体包裹体方法应用的延伸，而且也是矿物学和流体地质学理论和技术的发展。

作者简介：胡素云，中国石油勘探开发研究院总地质师，教授级高级工程师，博士生导师。

【案例18】

库车前陆盆地油气分布与成藏过程之间的必然联系（赵孟军）

随着库车前陆盆地油气勘探的深入，发现了两个不相关联的事实存在。一个事实是已经发现的油气藏或油气显示的分布具有如下特征，即库车前陆盆地北侧山前主要分布库姆格列木、米斯布拉克和黑英山等油苗，南侧的前缘隆起主要分布为英买7、红旗、牙哈等油气藏和英买3、英买31、英买101等井的油砂，坳陷区则主要分布克拉2、大北1、迪那2等气田。另一个事实是认为库车前陆盆地具有两期成藏过程：一方面是油气源对比结果和储层沥青、包裹体的研究为库车坳陷两期成藏提供了直接的地球化学证据；另一方面地质研究分析表明，晚白垩世~新近纪末在山前已经形成挤压背景下的构造圈闭，该时期的圈闭主要聚集源自三叠系烃源岩的油气，中新世以来是库车前陆盆地发育的时期，此时构造变形作用最强烈，形成的圈闭以聚集晚期生成的天然气为主。

上述两件事情，一个是主要从空间概念认识了库车前陆盆地油气藏或油气显示的分布，另一个是从地质时间概念认识了库车前陆盆地的两期成藏过程。通过研究分析，正是由于看似毫无关系的两件事情却存在着本质的联系，即库车前陆盆地油气分布与成藏过程之间有着必然的联系。

早期（白垩纪末期~新近纪）成藏，三叠系生成的油气向北经历了长距离的侧向运移聚集在山前的早期构造中，形成库姆格列木、米斯布拉克和黑英山等油气田；向南同样经历了长距离的侧向运移形成英买7、红旗、牙哈等油藏及英买3、英买31、英买101等油砂。晚期（古近纪以来，主要是N2—Q）成藏，主要表现为源自侏罗系煤系地层的天然气成藏。随着喜马拉雅运动的加强，早期形成油气藏向南发生了长距离的推移，并遭受了严重的破坏，从而形成库姆格列木、米斯布拉克和黑英山等油苗；相应地在库车坳陷前缘隆起区，英买7、红旗、牙哈等油藏并未破坏，同时充注有晚期的天然气，形成英买7、红旗、牙哈等油气藏，英买3、英买31、英买101等油砂由于没有晚期天然气充注仍保留为早期成藏的油砂；在库车坳陷内则主要以晚期垂向运移所形成的湿气藏和干气藏为主，包括已经发现的克拉2、大北1、迪那2等气田。可见，正是库车坳陷的两期成藏决定了库车前陆盆地的油气分布特征，同时库车前陆盆地的油气分布特征是库车坳陷两期成藏过程的反映。

作者简介：赵孟军，中国石油勘探开发研究院石油地质实验研究中心副主任，教授级高级工程师，博士生导师。

【案例 19】

微孔隙认识的抽象思维过程（罗平）

在非常规油气勘探开发中，对微孔隙的认识过程就是一个抽象思维的过程。非常规砂岩储层通常指的是孔隙度小于 15%，渗透率在 10 毫达西以下的低渗透和致密砂岩储层。对常规油气砂岩孔隙的评价，用铸体薄片描述、观察和室内常规孔、渗测量方法就能完成，知晓某一油气层的好坏。显微镜下数十至数百微米级的孔隙清晰可见，可以对常规砂岩储层作出直观、快捷、准确的鉴定，判断储层的优劣。对非常规砂岩储层而言，情况就复杂了，例如澳大利亚 Santos 公司在澳洲中部的 Cooper 盆地的二叠系有一个大型凝析气田，储层为低渗透到致密砂岩，这个陆相地层气田，是 20 世纪八九十年代澳洲主要的供气气田。90 年代初，根据常规储层研究认为，这个气田经过多年开采已到枯竭期。这个结论直接影响到澳洲东部主要工业区和大城市的能源供应。但当时气田压力较高，产量相当稳定，不像是一个寿终正寝的老气田。经统计，已经采出的天然气总产量高出当初计算的可采储量。这是一个很大的矛盾，问题是还有多少天然气可供开采，这些多出来的天然气在什么地方。Santos 公司针对这个迷惑的问题委托 Adelaide 大学油气地质研究中心进行研究，时任访问学者的罗平承担了这个科研项目。通过一年的孔隙结构研究，发现以前的有效孔隙计算方法有问题。一般我们认为大孔隙是有效孔隙，而忽略其他孔隙类型的储集作用，其原因是这类孔隙直径小，比例少。在对澳洲中部气田储层孔隙结构分析中，在常规显微镜下统计的面孔率和柱塞实测孔隙度严重不符，即显微镜下的可见孔隙的面孔率比实测的孔隙度小很多，因此，推测一定有某种更细小的孔隙存在。通过毛细管压力分析和高倍扫描电镜的观察，的确存在有大量的微孔隙，它们呈星散状团块分布。这是因为砂岩骨架颗粒的溶蚀和长石类矿物的蚀变，形成了大量的微孔隙。经过定量计算，发现了孔隙呈双众态分布，即有两种孔隙群：一种是我们常说的粒间孔隙群（常规砂岩中），这是我们确定常规有效孔隙的依据；另一种是量大比例高的微孔隙群。那么它们是否是天然气的又一有效储集空间？为了证实这种抽象的微孔隙群的有效性。对孔隙的大小进行了定量分析，扫描电镜揭示微孔隙的大小都在 100～50 微米之间，相对于只有 0.004 纳米的甲烷分子，砂岩中的微孔隙有足够大空间可以容纳它们，并与粒间孔有相当好的连通性；经计算，这部分微孔隙的加入，使有效孔隙增加了 30%。这个研究结论使 Santos 公司确信该气田尚有大量的可采天然气。

作者简介：罗平，中国石油勘探开发研究院教授级高级工程师，博士生导师。

【案例20】

应用抽象演绎的方法创新柔性抽油系统（韩修廷）

世界上有几百万口游梁式抽油井分秒不停地在抽油，其实该装置已有近百年的历史，但原理还是基本没变，体积大、笨重和往复周期中存在负扭矩、工况差和效率低的情况。将它换代成高效灵巧的抽油装置，提高抽油效率是很多石油人多年来梦寐以求的结果，但至今还没实现。

针对该问题以及国内外节能减排的强烈要求，通过长时间的油田现场观察、思考和分析发现：钻井过程采用钻杆、套管刚性不连续连接起下，测井测试设备采用柔性连续起下。钻井、测井系统均属油水井下井作业，其不同之处在于钻井设备装置属刚性不连续，则笨重、起下慢和效率低，而测井装置属柔性连续，则矮小、起下快、效率高、作业方便。油井作业凡涉及钢丝绳滚筒系统的作业均时间短、设备体积小、重量轻和效率高。如钻井后的测井、水井钢丝测试、作业通井机打捞、电缆射孔等技术装备均设备小、效率高，而钻井、各种油水井作业油管、套管一根一根的起下，则设备大、效率低。分析其实质原因是带滚筒柔绳的连续起下均效率高，采用柔绳实现能量传递使设备紧凑和体积小，效率高。由此为柔性抽油系统的提出理出了思路。

将柔性能量传递原理引入刚性的抽油系统，减小设备体积、重量和提高效率。研制了柔性结构的单曲柄节能抽油机系统，由于采用了柔性能量传递结构，减少了能量传递环节，优化了设备结构，使设备体积、重量和装机功率均降低到原设备的1/5以下，现场应用几十口井均达到了节能降投资的目的。获美国、俄罗斯等国发明专利。

利用同样的原理又发展了柔性抽油光杆、柔性井口、柔性抽油杆和抽油泵的整个柔性抽油系统，实现了抽油、作业和测试一体化，同时还发展了单井、多井两次平衡和偏心柔性节能抽油系统。改写了抽油机井电动机电流交变幅度大和存在负值的历史，推动抽油机抽油系统的技术换代。创新形成了节能环保降投资的抽油系统。

作者简介：韩修廷，大庆油田原技术发展部副主任，教授级高级工程师。

【案例21】

利用地震信息识别天然气藏——从看似无序的现象中找出规律（曹宏　王红军）

利用地震资料进行流体检测最常用的技术是利用穿透地下介质的地震信号所携带的振幅信息。振幅信息对于叠前地震资料通常是指振幅随偏移距的变化，即AVO特征来检测气层；而对于叠后地震资料，气层在剖面上表现为亮点、暗点、平点和相位反转等。"亮点"技术始于20世纪70年代，被称为是直接碳氢检测的第一个里程碑(Hilterman, 2001)。储集层含气后速度和密度下降很快，在叠后地震剖面上具有很大的反射振幅，即"亮点"出现。但并非所有储层含气后都表现为"亮点"，而且一些非气层亦可形成"亮点"现象，因此单纯利用"亮点"技术有很大的多解性。

20世纪80年代出现的AVO技术是直接碳氢检测历史上的第二个里程碑(Hilterman, 2001)。在叠前CDP道集上，含气砂岩的AVO响应表现为振幅随偏移距增大（Ⅲ类）、极性反转（Ⅱ类）和减小（Ⅰ类）三类特征(Ostrander, 1984；Rutherford等, 1989)。根据AVO理论反演的P、G波属性可指示气藏，如Ⅲ类气砂P、G值具有较大的负值，在P*G剖面上表现出很强的正值特征；而Ⅱ类气砂因其P、G值接近于零，使得P、G值及其组合剖面相对于背景值差异很小，因此这种方法对于Ⅱ类砂岩的识别是失效的。

"流体因子"是一种特殊的基于AVO属性的流体识别方法，Smith和Gidlow(1987)借助于泥岩线组合P波和S波反射率道得到"流体因子"道，该流体因子道可以指示气藏的存在。碎屑层序中的含气砂岩产生较高的流体因子振幅，而其他反射具有较低的振幅。但是，Smith和Gidlow(1987)定义的流体因子公式需要提供精确的横波反射率和预先假设纵、横波速度比，这在实际操作中很难满足。

由AVO理论反演得到的属性，无论是P波、G波及其组合，还是流体因子，尽管它们在特定的情况下，都能有效地识别含气储层，但这些方法多数是定性的、描述性的。像其他烃类指示的振幅波形属性一样，对于储层较厚、没有干涉的地下界面反射，它们可以有效地指示出气藏的垂向和横向分布，但当气层较薄时以波形振幅大小来识别气藏会带来误差，气藏边界会由于薄层效应而难以准确确定。

综上所述，单一的岩石物理参数用于流体识别时具有多解性，只有进行岩石物理参数的综合利用才能降低多解性，提高流体识别精度。

我们根据储层含不同流体时会造成叠前地震资料的振幅特征显著地不同，提出叠前地震流体阻抗反演的流体识别新方法。不同的岩性及储层中充填的不同流体成分在流体阻抗曲线上所表现的特征明显不同。首先对于非储层来说，无论是碎屑岩中的泥岩或致密砂岩还是碳酸盐岩中的致密灰岩，都具有较大的流体阻抗值；而对于孔隙储层，无论是砂岩还是白云岩，含气储层的流体阻抗最低，含水储层的流体阻抗较大，与含气储层能明显的区分开来，且与非储层的流体阻抗比较接近。

作者简介：曹宏，中国石油勘探开发研究院物探技术研究所副所长，教授级高级工程师。王红军，中国石油勘探开发研究院亚太研究所所长，高级工程师，硕士生导师。

【案例 22】

"缝洞单元"概念的形成和应用——从大量的资料、信息中寻找市质规律（李阳）

塔河油田奥陶系油藏是世界上少有的大型超深超稠海相碳酸盐岩岩溶缝洞型油藏，目前探明储量已超过十亿吨。油藏的储渗空间主要由大小不等的溶洞、溶蚀孔洞、裂缝、微裂缝组成。溶洞裂缝分布非均质性严重，油水关系复杂，具有单井油气不连续，油气分布不受层位控制，油气藏高度不受残丘圈闭所控制等多种复杂现象，与碎屑岩孔隙型油藏普遍存在的规律完全不同。在开发中针对缝洞型油藏的复杂性，要研究缝洞型油藏的开发规律，形成缝洞型油藏的开发理论，研究人员抓住了这一类型油藏具有以断裂、溶蚀界面为边界，由裂缝网络互相联通，由多个溶洞组合形成，并具有相似流体、压力特征这一基本特点，提出了缝洞单元的新概念。在此基础上，经过研究提出了缝洞单元形成机制，形成了缝洞单元的地球物理、钻录测、开发动态综合识别技术，以缝洞单元为基础的油田开发动态分析方法与技术、以缝洞单元为基本单元的提高采收率技术。形成了对递减较大的多井缝洞单元进行单元注水、对能量不足的单井缝洞单元进行注水替油的注水开发模式，并且取得了显著成效，为提高塔河油田奥陶系油藏的采收率奠定了基础。

比如：TK741 井 2004 年 4 月投产，投产初期无油嘴试油期间，油压 16 兆帕，日产最高达 430 吨，不含水，但生产不到一个月迅速停喷。转抽后长期供液不足，动液面 2000 米左右不能正常生产而长期关井。天然能量开发阶段累计产油 2724 吨，采出程度 6.05%，是一个典型的单井定容缝洞单元，计算地质储量 4.5 万吨。

2005 年 3 月开始注水替油试验，第 1 周期注水 1031 立方米，关井 2 天后，6 毫米油嘴开井生产，油压 11 兆帕，日产油 71 吨，不含水，周期产油 390 吨。该井已累积注水替油 15 周期，累积注水 2.31 万立方米，累积增油 6375 吨，采出程度达到 20.22%，提高了 14.17%。

理论和实践证明，"缝洞单元"是一科学的概念。

作者简介：李阳，中国石化股份公司副总工程师，中国工程院院士，教授级高级工程师，博士生导师。

【案例 23】

"膏盐岩盖层差异性"概念的形成和应用——从大量的资料、信息中寻找地质规律（宋岩）

克拉苏构造带位于天山南部库车前陆盆地北侧，天然气资源极其丰富，相继找到了著名的克拉2、大北1、大北2等特大型—大型气田，一个近万亿立方米的天然气储量阵地渐渐浮出水面。不过随着失利井出现，人们注意到该构造带天然气成藏具有明显的差异性。那么同样的成藏背景和成藏条件，为什么有的成藏有的未成藏呢？控制天然气成藏的本质是什么？

前人经过研究，达成共识：克拉苏构造带具有丰富的煤系气源、众多的油源断层、成带成群的构造圈闭、广泛发育的白垩系储层、优质的膏盐岩盖层以及晚期快速充注等优越的天然气成藏条件和成藏作用。

源控论告诉我们烃源岩往往是控制油气成藏的主要因素，特别是天然气藏，那么烃源岩是不是克拉苏构造带天然气富集成藏的主控因素呢？目前在克拉苏构造带上发现的天然气藏的确分布在煤系烃源岩生烃中心的上部，但其上同样存在失利的克拉1、克拉5等含气构造，所以，丰富的煤系烃源岩只是天然气成藏必备的基本条件，同样还有广泛发育的白垩系储层和构造圈闭。

克拉苏构造带天然气藏与烃源岩之间存在舒善河组、巴西盖组等巨厚的泥岩隔层，盐下储层要想成藏必须有断层作为输导体系。那么众多的油源断层是控制该区天然气富集成藏的主要因素吗？克拉苏构造带发育多条近东西向展布的逆冲油源断层，即使在未成藏区，断层既是天然气向上运移进入圈闭储层的有效路径，也是天然气向上散失的有利通道。克拉2圈闭和克拉5圈闭同样在圈闭北侧发育逆冲断层，造成一个成藏另一个未成藏，显然，逆冲断层控制着天然气的运聚和散失，构造带北侧发育的高角度断层往往切穿主要盖层，因此，断层是该区天然气成藏的一个不完整的、非独立的主控因素。

克拉苏构造带发育的逆冲断层如果作为天然气的散失通道，它必须突破古近系库姆格列木群膏盐岩盖层。众所周知，膏盐岩层是世界上大多数特大型—大型天然气田的优良盖层，克拉苏构造带主要天然气田也是如此。但勘探实践表明，克拉苏构造带的膏盐岩盖层并没有将油气全部封闭在其下，盐上发现了大量油气显示、油苗，还找到了大宛齐油田，膏盐岩层的封闭性受断层的破坏。因此，膏盐岩盖层也是该区天然气成藏的一个不完整的、非独立的主控因素。

由此推断，断层和盖层相互作用控制着克拉苏构造带天然气的富集成藏，于是提出了断—盖组合控制下的"膏盐岩盖层差异性"这一概念。逆冲断裂与膏盐岩这对油气输导与封闭的矛盾体之分布和组合决定了克拉苏构造带膏盐岩盖层的差异性，主要表明在三个方面：其一，一般 2600 米以上表现为脆性，受力易破裂，3500 米以下表现为塑性，受力易流变，2600～3500 米之间为过渡态。其二，膏盐岩盖层的封闭能力受本身性能内因和应力外因二者的控制，内因即上文所说的埋深不同脆、塑性不同，外因是指其所受的外力。平面上克拉苏构造带自北向南，形成断层穿盐的冲断构造、膏盐岩顺断层刺穿封闭的背斜构造、断层消失于膏盐岩的叠瓦断块构造、膏盐岩底辟的低缓褶皱构造，其封闭能力依次增强。其三，从历史演化的角度看待克拉苏构造带膏盐岩层的封闭性，如克拉 2 大气田，控制其油气散失和保存的上侧逆断层与膏盐岩组合，晚期成藏时期大多时间埋藏较浅，封闭性差，油气边充注边散失，只是到了最后期，埋深增加，断层随膏盐岩流变性升高而消失，膏盐岩层随之封闭，故克拉 2 气藏聚集了克拉苏构造带同位素最重的天然气；克拉 1 井区断层与膏盐岩组合埋深基本处于 2500 米之上，盖层封闭性差，因此没有形成有效的圈闭。

总之，膏盐岩盖层差异性控制了克拉苏构造带天然气的保存与散失，这一概念既有科学根据，又有普遍性，可以很好地解释目前的勘探现状，在今后的油气勘探中也将发挥更大的作用。

作者简介：宋岩，中国石油勘探开发研究院石油地质实验研究中心原书记，教授级高级工程师，博士生导师。

【案例 24】

源储剩余压力差——天然气运移直接动力评价指标的研究方法（王红军）

天然气藏的形成是一个十分复杂的过程，其中涉及的地质因素很多，这给天然气成藏过程的研究、评价和天然气勘探目标的选择带来了很大的不确定性。成藏过程中的主要作用力包括浮力、重力、毛细管力和地层压力等。这些力控制着天然气运移的方向与速率，影响天然气的成藏过程和成藏效率。但在不同的地质条件下，上述力的大小存在差异，对天然气成藏的贡献也不尽相同。究竟如何才能从本质上发现并表述天然气成藏的主要动力呢？

承担国家 973 天然气项目的柳广弟教授等通过对我国主要含气盆地天然气成藏地质条件和典型气田成藏过程的详细解剖，并结合物理模拟实验，首次提出的在超压盆地中剩余压力差（特别是源储剩余压力差）是天然气快速高效成藏的主要动力的观点，丰富和完善了以浮力为主要动力的天然气成藏动力学理论，剩余压力差作为成藏主要动力的观点可以解释我国含气盆地天然气形成的动力学问题。

1. 理论分析找出问题关键

Hubbert（1953）和 England（1987）将驱动油气运移的能量分解为重力势能、弹性势能、流动势能和界面势能等几项，其中前三项为成藏动力，后一项是主要阻力，而真正驱动油气运移的动力应为 A、B 二点之间的流体势差。事实上，动力项反映米级甚至千米级范畴内的能量分布，而阻力项往往是厘米甚至毫米范围内变化，它们存在尺度上的差异。因此，两者同时使用则势必造成误差。故分析天然气成藏动力时可将动力和阻力分开考虑，仅分析狭义的成藏动力——重力势能和弹性势能。再通过力学分析，上述两个成藏动力可分解为，油／气柱在水中的净浮力和 A、B 两点之间的剩余压力差。通过分别计算上述两部分的大小，可以定量探究油气运移动力的构成，研究不同地质条件下成藏过程中各种能量对于油气运移动力的贡献，为天然气高效成藏过程主要控制因素的研究提供理论依据。

2. 典型对比确定核心因素

典型实例的解剖说明，无论在垂向运移还是侧向运移过程中，剩余压力差均占主要的比例，是超压盆地中油气成藏的主要动力。如以垂向运移的库车坳陷，天然气藏成藏期间剩余压力差幅度普遍在20～30兆帕，而净浮力普遍在4～10兆帕，剩余压差（梯度）比浮力（梯度）高近一个数量级；而以发生侧向运移的川西坳陷，剩余压力均高达35兆帕以上，而净浮力0.2～0.4兆帕，两者差别超过两个数量级上。这一对比说明，剩余压力差必然成为天然气运移的主要动力。

3. 数据统计揭示内在联系

对全国60余个气藏的平均剩余压力差与成藏效率之间的统计发现，我国天然气藏的聚集效率与平均剩余压力差具有明显的门限关系，源储剩余压力差在20兆帕以下的气藏无一例外的为低效天然气藏；尽管所有高效的天然气藏均具备25兆帕以上的剩余压力差，但在平均剩余压力差高于25兆帕的区域内仍有部分中低效气藏；中效气藏则分布于上述两个界限之间。这说明，剩余压力差对天然气藏的成藏效率存在明显的控制作用，未达到一定的动力门限的构造仅能形成低效气藏甚至无法成藏；超过成藏动力门限后，受其他成藏主控因素的控制，未必形成中、高效天然气藏。剩余压力差是天然气成藏过程中的主控因素之一，高剩余压力差是高效天然气藏形成的必要条件。

4. 实例验证表明预测效果

利用所建立的关系，对库车坳陷中—新生界的定量评级。结果说明剩余压力差在整个运聚动力中发挥了至关重要的作用，是评价天然气藏高效形成的一个重要指标，对其空间分布和配置关系的研究具有重要的地质意义。

作者简介：王红军，中国石油勘探开发研究院亚太研究所所长，高级工程师，硕士生导师。

【案例 25】

成岩相概念的形成和提出——在大量资料信息中抽提本质属性建立科学概念（胡素云）

科学抽象的结果必然形成科学概念，概念的形成标志着人们的认识由感性向理性阶段实现了一次质的飞跃。概念是自然科学的成果，是科学理论的基本细胞，建立了正确的科学概念，才能通过推理，经过检验，形成正确的科学体系。

目前油气勘探在烃源岩和构造条件基本明确的情况下，寻找有效储集体是勘探工作的重点和核心。含油气盆地沉积学和沉积相的研究大大推动了油气勘探的进程，大区、盆地和洼（凹）陷沉积相与微相基本清楚。随着勘探程度和精度的提高，寻找优质储层和高产富集区块成为勘探和研究工作的重点，储层成岩研究势必成为未来继沉积学之后的重要发展方向和储层核心研究内容。

以往在储层成岩相方面的研究主要是散落在储层地质、岩相、岩石相等方面，本项目在研究中通过逻辑思维和科学抽象，提出了成岩相的科学概念，这样"沉积相（原生相）+成岩相（改造相）"构成了储层地质研究的完整概念体系。

本项目着眼于成岩相与储集层分布之间的关系及其在勘探中的地位，提出了成岩相的概念，建立了成岩相的划分方案与评价方法，揭示了成岩相在油气勘探中的应用。

1. 通过逻辑思维和科学抽象，形成并界定科学概念——成岩相的内涵和外延

逻辑思维是科学抽象的重要途径之一。列宁说："任何科学都是应用逻辑"。逻辑思维又称理论思维或抽象思维。是在感性认识的基础上，运用概念、判断、推理等思维形式对客观世界的间接、概括的反映过程。逻辑思维和科学抽象是形成科学概念的前提，成岩相概念的形成和提出也是基于多年储层地质研究及在此基础上的油气预测评

价工作积累，通过逻辑思维和科学抽象而成。

科学概念要反映对象的本质属性，对象的属性多种多样，但决定其本质属性的并不多。从储层预测和评价角度，沉积物埋藏以后经历了各种成岩作用，决定了储层储集性能演化和最终的岩石面貌，为了综合表征储层形成和演化的"环境、成因和面貌"等信息，通过逻辑思维和科学抽象，形成并提出了"成岩相"的科学概念。

成岩相的内涵，从一般意义上来说，是在一定的温度、压力、流体作用下，沉积物埋藏以后经历一系列成岩作用和演化阶段的最终产物，包括岩石颗粒、胶结物、组构、孔洞缝等综合面貌和特征。从对储集层影响的角度，存在扩容性和致密化两种成岩相类型。

成岩相概念的提出揭示了储层研究的核心内容。成岩相是构造、流体、温压条件对沉积物综合改造的结果，其核心内容是现今的矿物成分和组构面貌，是表征储集层性质、类型和优劣的成因性标志，可借以研究储集体形成机理、空间分布与定量评价。预测有利孔渗性成岩相是储集层研究的重点，对油气勘探具有重要作用。

成岩成矿作用涉及的范围很广，从内生矿床到外生矿床的形成，都经历了复杂的成岩成矿作用。对于成岩相的定义不同研究者表述不一，但多数都涉及了成岩作用及其产物等内容，这里提出的成岩相在概念的外延上，特指含油气盆地沉积岩的成岩相。

2. 对概念对象进行科学分类和评价——成岩相划分方案与评价方法

建立了正确的科学概念以后，首先要基于概念的内涵和外延剖析，对概念的对象进行分类和评价，这是形成科学体系的基础。

目前国内外关于成岩相划分尚无统一的方案，评价方法大多仅限于取心井和薄片观察，本项目在国内外分类调研的基础上，结合油气勘探需要，提出了有针对性的划分方案和评价方法。

（1）概念对象的分类——建立成岩相划分方案。

本项目从勘探实用的角度，对成岩相进行划分和命名，侧重于现今成岩相及其孔渗条件。分类和命名的基本思路：一是考虑实用性，预测高孔渗相带，分扩容性和致密化两大类；二是考虑成因性，反映现今成岩面貌的岩石类型及其成岩作用机制；三是考虑定量性，反映现今成岩相类型及其量化的孔渗级别。首先在大类上分为扩容性成岩相和致密化成岩相，亦即建设性成岩相和破坏性成岩相。扩容性成岩相主要包括砂岩溶蚀相、砂岩裂缝相、碳酸盐岩淋滤相、碳酸盐岩白云石化相、碳酸盐岩深部热液溶蚀相、碳酸盐岩 TSR 相、碳酸盐岩裂缝相、火山岩溶蚀相和火山岩裂缝相；致密化成岩相主要包括砂岩压实致密相、砂岩胶结致密相、砂岩杂基充填致密相、碳酸盐岩胶结致密相、碳酸盐岩重结晶致密相、火山岩结晶致密相和火山岩胶结／充填致密相。

本项目根据上述成岩相的类别，结合相应的孔渗级别对成岩相予以命名。扩容性成岩相的命名方式是："孔渗级别＋岩石类型＋成岩作用类型"相，如大类命名方式："低孔渗＋砂岩＋溶蚀"相；亚类命名方式："低孔渗＋河道砂岩＋浊沸石溶蚀"相。致密化成岩相的命名方式是："岩石类型＋成岩作用类型＋致密"相，如大类命名方式："砂岩＋胶结＋致密"相；亚类命名方式："长石砂岩＋硅质胶结＋致密"相。

（2）概念对象的评价——建立成岩相评价方法。

成岩相评价的目的是确定不同类型成岩相的空间分布，定量预测有利成岩相的分布区域，进而确定有利储集层分布。本项目根据成岩作用和成岩相的成因机制及勘探需要，提出了切实可行的成岩相评价的四个步骤，同时编制相应的单因素图件和综合性图件。

①定成岩序列：构造、沉积、温压、水岩系统分析；
②定成岩相类型：岩心和薄片鉴定及实验分析；
③定成岩相分布：结合沉积相、测井相、地震相等；
④综合评价：综合编图，预测有利储层和成岩圈闭。

3. 科学概念的形成是理论创新和指导实践的先导武器——成岩相预测和评价直接指导储层预测和油气勘探

"成岩相"概念的提出是从学科发展及油气勘探的角度进行的初步探讨和分析，可以达到抛砖引玉的效果。从油气勘探需要和学科发展的角度，"成岩相"将成为继沉积相之后的新兴研究内容，并成为油气地质和勘探研究工作重点之一。

　　成岩作用是储集层发育和形成的必经过程，最终决定储集层性能的优劣。特别是致密厚层砂岩、碳酸盐岩、火山岩和其他深部储集层，建设性成岩作用是决定储集层有效性的关键。目前在油气勘探中构造和沉积相的研究比较深入和成熟，而控制储集层发育和分布的关键——成岩作用和成岩相，在当前勘探阶段既是研究重点又是难点。以往的研究多数集中在成岩作用对储集层孔隙度的影响，对成岩相的研究较薄弱，与油气勘探的结合不是很紧密。本项目针对制约油气勘探的储层地质研究关键问题，形成的成岩相概念和评价方法，对油气勘探学科发展具有重要的推动作用。

　　成岩相概念的提出及其勘探分类与评价方法，对指导油气勘探具有重要的意义，主要表现在有利储集体形成机理、空间分布、评价方法和预测优选以及低孔渗储集层中的"甜点"分布预测、成岩圈闭发育带和油气藏分布的预测等方面。可见，科学概念的形成是理论创新和指导实践的先导武器。

作者简介： 胡素云，中国石油勘探开发研究院总地质师，教授级高级工程师，博士生导师。

【案例 26】

我国前陆盆地（冲断带）认识的升华（赵孟军）

国外典型前陆盆地概念是线状挤山带和稳定克拉通之间的长条形沉积盆地，一般有如下特点：(1) 位于盆地毗邻的褶皱—冲断层带的构造负载促使盆地弯曲下沉；(2) 盆地的横剖面具有明显不对称性；(3) 在盆地演化期间盆地的靠造山带一翼遭受变形作用；(4) 盆地的靠克拉通一翼逐渐与地台层序相合并。

除川西等个别前陆盆地可以与该概念相符外，而我国中西部大多数山前盆地与该概念不相符，具有如下特征：(1) 这类盆地在构造格局、变形方式、沉积特征与典型的前陆盆地十分相似；(2) 空间上不与同时期的碰撞缝合带直接紧靠，而是远离碰撞缝合带；(3) 与印—藏碰撞的远距离构造效应导致古造山带的重新活动有关；(4) 一般不具有从海相到陆相沉积、演化过程，而全是陆相的沉积、演化作用；(5) 这类盆地在新生代之前曾经为典型的前陆盆地。据此提出了再生前陆盆地的概念（卢华复等，1994），并得到了国际地质界的认同。这是我国中西部前陆盆地与世界典型前陆盆地研究后第一次地质概念的升华。

我国中西部发育准噶尔西北缘、准噶尔南缘、博格达山北缘、库车、喀什、塔西南、塔东南、吐哈、柴西、柴北缘、酒泉、鄂尔多斯西缘、川西、川北、楚雄等 15 个前陆盆地（冲断带）。通过区域构造地质研究，认为我国中西部这些盆地（冲断带）的构造特点为喜马拉雅期再生前陆盆地（及冲断带）叠合在海西晚期—印支期早期前陆盆地之上，根据两期叠加程度的差异划分为叠加型、改造型、早衰型和新生型等四种前陆盆地组合类型（贾承造等，2005），其在成藏地质条件、成藏过程油气聚集模式等方面有很大的差异。这是我国中西部前陆盆地研究的第二次地质概念的升华，有力地指导了我国中西部前陆盆地的油气勘探。

作者简介：赵孟军，中国石油勘探开发研究院石油地质实验研究中心副主任，教授级高级工程师，博士生导师。

【案例27】

从"礁"到"礁滩体"认识的升华（罗平）

在碳酸盐岩的勘探开发中，时常要碰到生物成因的储集体，即生物礁储层。在国外建立的生物礁油气藏勘探模式到中国遇到了挑战，例如，塔里木盆地塔中地区生物礁勘探中，对以礁体为中心的勘探成功率低，开发难度大。仔细考察发现中上奥陶统一间房组和良里塔格组钻遇了大量的生物建造层，但它们与经典的礁体（即以现代珊瑚礁为代表的生物礁模式）相去甚远，没有澳大利亚大堡礁那种由珊瑚块体构筑的骨架，即使有也稀少。因此用传统大型礁块体的模式或概念在塔中地区的勘探行不通。由此我们推测，以前礁的概念有不完善的地方，或没有表达出礁的本质，因此应该有更为准确和本质的东西来表达礁的概念。目前在各类教科书中对生物礁的传统定义是具有抗浪格架的生物建造称之为礁（对今天的大部分珊瑚礁而言）。"抗浪"二字的本质表达的是一种水动力学能量的概念，抗浪条件下形成的生物体必然是个大且厚，易于识别，极好勘探。但是这个提法只适用于中生代以来的生物礁，对于古生代的生物建造情况大相径庭。地质历史中以珊瑚为代表的造礁时期很少，反而是其他门类的生物，如苔藓虫、层孔虫、海绵、硬壳蛤、藻类等，是碳酸盐生物礁建造的主体，它们的生活习性与新生代珊瑚虫大不相同，许多并不生活在浪基面以上，故其生物建造是没有抗浪结构的。其实早期的生物建造，许多是发育在浪基面以下（包括今天的一些深海地区），不受风浪的影响，这些生物建造同样能够形成良好的骨架生物礁岩。近年的礁研究的大量文献资料证明了"抗浪"这个以能量表征"礁"的概念过时了，它的内涵太窄了，没有真正抓住礁的本质，不能代表大多数的生物建造（或礁）。抗浪的生物礁是生物礁的一种而已。那么礁最本质的东西是什么？恰恰是我们见惯不惊生物本身。礁就是在原地固着生长的生物群体形成的（准）原地堆积的生物建造。英国 Riding 教授 2002 年按这个思路重新定义了礁的概念，从而提出了新的分类体系，极大地拓展了礁的内涵。相应地在塔中实际勘探中，油田一线勘探人员针对奥陶系的碳酸盐生物建造体创造了"礁滩体"这样一个勘探术语，刻画这个时期后生动物原地形成的生物碎屑（海百合骨片，浪基面下）和托盘类等小型骨架礁的复合体，其实质是在突破传统礁定义的基础上的一种创新，恰好与当下沉积学上礁的新概念相吻合。这种认识上的突破，极大地推动了塔中地区碳酸盐岩的勘探与开发，使塔中地区的碳酸盐岩勘探上了一个新的台阶。

作者简介：罗平，中国石油勘探开发研究院教授级高级工程师，博士生导师。

三、想象力为发明和创新开辟了广泛的天地

【案例 28】

非平面水力压裂方法的构思（陈勉）

在油气增产作业中，水力压裂是一项常见的工艺措施。它是通过高压在地下人为地使地层破裂，产生有利于地下油气流入井内的通道。在一般的教科书中，都假设裂缝是平直的。在一般的水力压裂作业中，这个假设与实际情况基本吻合。可是在定向射孔压裂、重复压裂等特殊工艺作业中，人们测试发现水力裂缝并不是平直的，而是弯曲的。如何建立弯曲的水力裂缝模型？这一问题一直困扰着我们。虽然在现代计算机技术发展到今天，通过各种力学理论计算裂缝已经不是根本性的难题，但是，通过计算机模拟出来的裂缝形态与现场监测的结果往往相差很远。我想起小时候生火做饭劈柴的情形，那不是也是人为产生裂缝吗？很快又开始摇头，因为那些劈柴的裂缝从来都是平直的，对于解决这个问题没有帮助。偶然，在电视中看到伐木工人在深林中挥舞斧子砍树，我眼前一亮，发现劈柴总是沿着木头的纹理纵向用力，而伐木时一般是斜着用力，弯斜的裂缝不但与用力大小有关，还和树木本身的韧性有关。在后来所建立的水力裂缝模型中，假设每种地层都有一个延伸惯性的参数，它和应力等参数共同控制裂缝的弯曲。通过室内实验和现场验证，我们建立了一个反映裂缝弯曲的新模型。"非平面水力压裂方法"研究项目获得 2009 年度国家科技进步二等奖。

作者简介：陈勉，中国石油大学（北京）教授，博士生导师。

【案例 29】

液压自封泵的联想（韩修廷）

发挥想象力进行创造性的综合，建立新概念并被实践所证实——世界上现有油井的 70%～80% 用抽油机柱塞泵抽油，且所有柱塞泵抽油均存在漏失，影响泵抽效果，这是世界抽油行业默认，且有允许漏失量标准。因柱塞与泵筒属动密封，是靠提高加工精度实现减少漏失量、减少摩阻和延长泵的工作寿命。漏失与摩阻是一对矛盾，间隙小漏失量小会导致摩阻大；若间隙大可降低摩阻，但漏失量也增大，遇到出砂、稠油井容易发生砂卡泵和偏磨等。抽油泵漏失对油井开采影响较大，即使这样，石油人已接受这种现实，因几十年来没有更好的泵代替它。有一天看科普节目，讨论心脏病发病与心脏泵血原理发现：常人心脏每分泵血 60～90 次／分钟，连续工作 80 年，人们晚上睡觉心脏也在正常工作。井下柱塞泵采用好钢材精加工，工作频率 4～10 次／分钟，寿命仅 2～3 年，与人的心脏比相差较大。能否借用人心脏原理替代现有钢对钢的柱塞泵原理呢？

通过分析柱塞泵和心脏的主要原理差别，发现能否实现无（或小）间隙动密封，关键是配合能否做到无或小间隙，如何实现间隙小，心脏采用弹性自适应和自补偿，比刚性密封好、受力好、效果好和寿命长。由此可想象一种类似人心脏泵血原理的井下抽油泵，像人的心脏一样的弹性自动收缩、舒张的抽油泵，使其能够下到井下，可能会提高工作性能、延长工作寿命。

由此提出液压自封泵，内部运动柱塞有一个弹性密封体随压力提高、降低而扩张和收缩，弹性密封体外加一层耐磨体与泵筒接触实现耐磨，延长泵的寿命。泵在上行程时柱塞内部的流体压力作用使密封体壁始终被压在泵筒内壁上，形成良好的密封实现零漏失；下行程时柱塞下端高压，使密封体外部受压，使密封体恢复原状，和泵筒之间产生间隙，使摩阻降低，实现节能延长泵的寿命。

通过这一形象思维和想象得到启发，研发出第一个具有自主知识产权和先进水平的液压自封泵，获发明专利。在此基础上研究出系列液压自封抽油泵，实现无漏失、下行无摩阻，适应水驱、聚驱、三元驱、稠油及含砂油井，用于国内外油田。

应用同样原理研制出液压自封抽油泵系列、井口密封装置、注聚柱塞泵等，用在抽油、注入和密封装置中，同样起到不漏失、高效和延长工作寿命的作用。

作者简介：韩修廷，大庆油田原技术发展部副主任，教授级高级工程师。

【案例 30】

新型降烯烃催化裂化催化剂的联想和创新（高雄厚 刘超伟）

1999 年，国家颁布了新的汽油质量标准，严格限制汽油中的烯烃含量，国内绝大部分炼油企业的汽油产品都面临着烯烃含量超标而不能出厂的困境，市场急需具有大幅度降低汽油烯烃含量性能特点的催化裂化催化剂。解决该问题，传统的催化剂设计路线是通过提高催化剂氢转移活性将裂化反应过程中生成的烯烃转化为其他产物，达到降烯烃的目的。但是这种"先生成，后转化"的办法，势必会导致催化裂化反应的焦炭产率增加，轻质油收率大幅下降，汽油辛烷值降低的后果。在新催化剂开发伊始，根据这种设计路线，我们先后提出了 11 种开发思路，然而经过实验室小试验均告失败。就在开发工作陷入困境的时候，我们突然意识到，难道不能突破这种技术路线，从源头上控制烯烃的生成吗？于是，凭借 10 余年对催化裂化工艺与新材料深入研究的积累，我们潜心钻研减少烯烃生成的反应环境，提出了新颖的"减少烯烃生成的反应模式"催化剂设计理念，力图从裂化反应源头上降低汽油烯烃含量。根据该汽油烯烃"源头治理"的设计理念，与研发团队成功开发的全新"化学修饰"技术，一步法解决了增加分子筛内表面酸中心密度和减少外表面酸中心密度的技术难题，制备出一系列改性 Y 型分子筛材料，改变催化反应路径，解决了降烯烃与柴汽比、汽油辛烷值与焦炭的突出矛盾。新开发的 LBO 系列在国内 40 余套工业装置实现了大规模工业应用，以低成本的方式为国内众多炼厂汽油质量升级换代提供了技术支撑，加快了我国车用汽油质量与国际燃油标准接轨的步伐，大幅度减少了汽车尾气对环境的污染。该项目共申请中国发明专利 11 件，2004 年获国家科技进步二等奖。

闵恩泽院士曾说过："创新来自联想，联想源于博学广识和集体智慧"。在技术创新过程中，仅凭借模仿是不可能开发出先进适用的产品，要解决问题必须依靠自主创新，在原创技术上取得突破。而原始创新最初往往都是通过直觉和灵感获取的。例如，凯库勒写出苯分子式、居里夫人发现镭和钋，都是巧妙地捕捉直觉和灵感的生动例子。无论是直觉、想象还是灵感，它们都不是凭空产生的，都离不开长期的知识积累和方法训练。同时，直觉和灵感是在某种具体目标的引导下，受到某种不期而至机遇的启示，突然而来，倏然而逝。因此，捕捉直觉和灵感的关键是要把自己需要解决的技术难题随时放在心里。

作者简介：高雄厚，中国石油石油化工研究院副院长，教授级高级工程师。刘超伟，中国石油石油化工研究院高级工程师。

【案例31】

想象力加科学实验获得减阻剂重大成果（李国平）

　　管道中的流体通常处于两种流态：层流或湍流。层流时管道摩阻压降与输量的一次方成正比，而湍流时管道摩阻压降与输量的 1.75～2.00 次方成正比，可见湍流时输送单位流体的能耗比层流时大得多。其原因是湍流管道流体中存在许多大小不同的流体脉动或漩涡，它们使相邻流体彼此掺混、摩擦生热，既影响了流体的轴向流动（沿管道输送），又增加了能量消耗。因此，若能减少、抑制湍流中的脉动，则可以明显降低湍流管道流体输送的摩擦阻力或增加流体输量。

　　马路上设置的隔离带使不同速度的车辆分道行驶，既减少了车辆碰撞事故，又可使每种车辆都能全速前进。管道中流体的流动与马路上车辆的行驶是非常相似的：管道轴心处流体速度最大，距轴心愈远，流体速度愈小，管壁处流体的速度最小甚至为零。若在湍流管道流体中沿轴向放置许多细长的随流体一起流动的弹性"隔离体"，将不同流速的流体隔开，则可以达到抑制和减弱流体横向脉动，进而实现减阻增输的目的。

　　应用上述方法需解决两项关键技术，即如何合成出细长的"隔离体"和如何在管道流体中放置"隔离体"并使之具有弹性。

　　在一定条件下，使含有一定碳数的只有一个双键的烯烃单体发生聚合反应：打开双键，单体的一端相互连接形成主长链，另一端变成短侧链，最后得到呈梳状的单长链超高分子量聚合物，可以作为湍流管道中的"隔离体"，即减阻剂。烯烃单体中的碳数要合适，太多时不容易发生聚合反应，太少时聚合物为晶体，难以溶解成单分子。此外，减阻剂分子量必须足够大（$> 10^6$），否则减阻剂分子会跟着流体微团脉动或旋转，不能防止或减弱不同流速流体间的掺混。减阻剂分子越大，表明"隔离体"愈长，"隔离"效果越好。

　　减阻剂被注入管道流体中稀释溶解成单分子或分子束。由于减阻剂分子的主长链非常长（相对于流体分子），因此其两端处的流体的速度通常不相等。在减阻剂分子随流体流动的过程中，其一端流动得快，而另一端流动得慢，不久减阻剂分子长链在扭转力矩作用下被定向在管道轴向，在不同流速的流体间自动形成许多细长的"隔离体"。由于被定向后的"隔离体"还会受到流体剪切应力的拉伸作用，因此定向在管道轴向的减阻剂分子长链被拉长、伸展并具有弹性。

沿管道泵输流体时，需消耗电能去克服流体流动摩擦阻力，从而使流体沿管道流动。摩擦阻力越大，电能消耗越多，故而减阻就是节能。以减阻的观点看，与管道轴向平行的减阻剂分子长链抑制或减弱了流体的径向动脉（不同流速流体层间的掺混），有利于流体轴向流动，即减小了流体管道输送摩阻。从节能的观点看，减阻剂分子长链受到流体脉动微团碰撞时，会发生弹性形变，将流体脉动能的一部分转变成减阻剂分子长链的弹性势能；当弹性形变恢复后，弹性势能又转化成流体动能，减少了摩擦能耗。

此项目已获得 2008 年国家技术发明二等奖，减阻剂减阻效果明显，减阻率最高可达 70% 以上。

作者简介：李国平，中国石油管道分公司管道科技研究中心，教授级高工，博士生导师。

【案例32】

解决差异带来的问题是再创新的重要途径（马家骥）

"工欲善其事，必先利其器"，装备作为工程技术进步的载体，愈来愈受到业界的重视，如何根据我国油气工业的实际需要，创新发展我国石油装备成为装备制造业相当重要的议题。

1. 根据基础条件的差异研发离心涡轮变矩器

参照美国技术制定的钻机标准（GB 1806—1979），确定链条并车为基本型。链条并车时，美国钻机中动力机组液力变矩器为向心涡轮变矩器。

（1）研制钻机用向心涡轮变矩器。

参照美国钻机用向心涡轮变矩器的情况，选择DL18型向心变矩器为基本型，按照国产190柴油机工作转速1500转/分钟设计生产了YB-660变矩器。结构上还进行了重大改进，将输出轴左端的两个推力轴承更换为四支点轴承。将活塞环旋转密封更换为间隙密封，将由链条驱动的齿轮泵改由齿轮驱动。上述改动不但大大提高了传动效率还延长了变矩器的寿命，但由于现场190柴油机长期工作在1300转/分钟，不能发挥柴油机功率又研制生产了YB-720变矩器。

虽然解决了柴油机功率充分发挥的问题，但由于链条转速限制，依然没有在链条钻机上得到应用。这个回合一耽误就是6年。

（2）离心涡轮变矩器的研制。

认真总结研制向心涡轮变矩器过程发现，任何一套装备中的部件研制，必须放在这一系统中去考察。

钻机动力机组中的变矩器是向机组后面的链传动传递动力，其功能既要保证动力机正常工作，又要满足其后链传动正常工作条件。对比中美钻机的动力机组可以发现，美国动力机基于发电基频60赫兹，转速1200转/分钟，通过向心涡轮变矩器后，输出转速刚好满足$1\frac{1}{2}$英寸链条（28齿）的正常工作。而中国动力机转速是1500转/分钟，

为了满足其后 $1\frac{1}{2}$ 英寸（28 齿）链条正常工作，就只能改变变矩器的输出特性。

通过进一步调研，铁路机车用单级离心涡轮变矩器具有输出转速低的特点，能满足我国石油钻机转速的要求。

见表 1 和表 2。

表 1　美国和中国动力机、变矩器和链条

项目	美国	中国
动力机转速（转／分钟）	1200	1500
变矩器	向心	离心
链条极限转速（转／分钟）	1100	1100

表 2　不同链条节距适应的动力机最高转速

链条节距	链轮齿数	最高转速（转／分钟）
$1\frac{1}{4}$ 英寸	28	1400
$1\frac{1}{2}$ 英寸	28	1100
	32	1000
$1\frac{3}{4}$ 英寸	28	860

之所以美国钻机选用向心涡轮变矩器，除输出特性满足要求外，第二个要求当外部载荷为零时，变矩器输入功率也为零，这个性能刚好满足钻机起下钻手动上卸扣时，动力机组正常工作要求。

对比向心涡轮变矩器与离心涡轮变矩器的原始特性可以看出，当动力机组没有负载时，动力机组还吸收百分之百功率，必然造成变矩器过热使变矩器不能正常工作。

将离心涡轮变矩器用于石油钻机还必须解决这一难题，课题组提出并攻关解决了带充油调节阀的离心涡轮变矩器，在国内外首次将单级离心涡轮变矩器成功用于石油钻机的动力机组之上，使中国能成功制造出链条传动的机械钻机，进而完成了整个系列的研制与生产。不但满足了我国油气工业对石油钻机的需求，还出口到国外。

为此，带充油调节阀的 YB-900 型离心涡轮变矩器于 1990 年 12

月获国家科技进步二等奖，填补了石油装备在获得国家科技进步奖方面的空白。

2. 针对生产条件的差异，研制带环型背钳的"顶驱"

"顶驱"管子处理装备中的背钳夹紧、内防喷器控制和吊环前倾等三个功能均需要通过旋转密封实现。根据 20 世纪 90 年代我们制造厂的生产条件，要完成这样的任务，困难很大。为此创新研制了带环型背钳的"顶驱"。此时管子处理装置中只有吊环前倾功能需要通过旋转密封来实现。带环型背钳顶驱，具有结构简单、加工容易、运行可靠、操作安全的特点，而且省去了国外顶驱都必须配备的锁紧机构，受到用户的一致好评。该成果在北京石油机械厂产业化后，至今共有各种能力的顶驱 414 台提供给国内外用户使用，使我国成为继美国、加拿大后，第三个能生产顶驱的国家。

3. 针对工作对象的变化，研制了用于普通钻机的套管钻井技术

由加拿大 Tesco 公司研制成功的套管钻井技术能减少钻井液漏失，提高井控能力并降低钻机非生产时间，而且也减少了计划外侧钻或卡钻的风险。采用套管钻井更换钻头由钢丝作业完成，既提高了作业效率，降低了燃油消耗，且保证了井筒安全，进而降低了钻井成本，因此该技术（包括套管定向井技术）的应用范围不断扩大。

该技术通常必须使用带顶驱的钻机（即套管钻井专用钻机）才能实现。课题组针对普通钻机用转盘方钻杆的现实情况出发，将由液压驱动的套管夹持头创新设计为机械夹紧方式，实现了在普通钻机上进行套管钻井的任务，受到用户普遍欢迎。

4. 小结

（1）学习、消化、再创新是后来者超越竞争对手的"神兵利器"。

只要有成熟的技术可借鉴，不需要从头搞起。再创新是站在巨人的肩膀上前行，发挥后知之明的优势，在设计上解决新问题，在性能上体现高要求。

（2）解决差异带来的问题是"再创新"重要途径。

①硬件开发往往立足于单个部件或小系统的攻关，容易形成"照猫画虎"，可能会"事倍功半"。

②"消化"应将某产品看作复杂系统中不可分的一部分，了解整个系统的来龙去脉，特别是对使用环境进行对比，找出存在的差异，是完成再创新重要的一步。

③再创新是针对差异，提出解决问题的措施，形成与学习对象有差别的技术，打造企业具有自主知识产权的新产品。

作者简介：马家骥，中国石油勘探开发研究院原副总工程师，机械所所长，教授级高级工程师。

四、研究工作中的直觉和灵感具有很高的创新功能

【案例33】

直觉和灵感对华北油田勘探研究的启示和推动（金凤鸣）

直觉、灵感在科学创造中能产生新思想、新概念和新理论。华北油田科研人员面对古潜山油田勘探进入尾声，新近—古近系构造油藏勘探程度较高，很难再有较大发现的局面，他们直觉地感觉到，隐蔽性较强的地层岩性油气藏是深化勘探的主攻方向。为此，他们解放思想，创新思维，在勘探思路上实现了勘探对象由构造向岩性、由单一类型向多种类型的转变，在研究方式上实现了由构造油藏勘探向岩性油藏勘探转变，在研究内容上实现了由相对单一的石油地质研究向多学科综合应用转变，在组织形式上实现了由地质、物探分头研究向组成多学科多专业项目组的转变，在管理方式上实现了由粗放集约式向精细定量化的转变。正是这"五大转变"，实现了勘探由正向构造带向负向构造区延伸，由构造带高部位向构造带翼部延伸，由构造带向岩相带、坡折带、超覆带和侵蚀带延伸，由环洼到洼槽延伸，由单一油藏类型向多种油藏类型延伸，最终闯出了一条地层岩性油气藏勘探新路子，发现了2个亿吨级、5个五千万吨级的地层岩性油气藏（田），在十分困难的情况下打开了勘探的新局面，使整个油田进入了一个以地层岩性油藏勘探为重点的历史发展新阶段，并引领了中国石油地层岩性油藏的勘探工作，被誉为"中国石油全局性地层岩性油藏勘探的开拓者"。

（1）直觉和灵感的产生是建立在丰富的专门知识储备之上的。

直觉和灵感不是平白无故就会出现的，它们的产生都是建立在丰富的知识储备和深入的综合分析基础上的，二连盆地巴音都兰凹陷宝力格油田的发现就是一个很好的例证。该凹陷自1978年投入勘探，到20世纪90年代末期，经过20年的勘探，一直没有取得实质性突破。但多轮资源评价表明，该凹陷具有近亿吨的石油资源量，勘探的资源潜力是具备的。中国石油天然气集团公司于1999年初设立了《巴音都兰凹陷含油气综合评价及勘探方向研究》项目，并由华北油田承担研究。华北油田承担该项研究任务后，挑选业务骨干组成了强有力的多专业联合攻关项目组。研究组没有再像以往那样直接找圈闭、提井位，而是从基础研究开始，注重了研究的系统化、认识的全面化。在多年勘探失利的经验教训积累与新一轮系统化研究取得丰富、全面认识的基础上，并借鉴冀中坳陷大王庄隐蔽型岩性油气藏勘探的成功经验，催生了巴音都兰凹陷隐蔽型岩性油藏的勘探思路与成藏模式，设计钻探的巴19井获得高产油流，实现了巴音都兰凹陷油气勘探的历史性突破，建成了一个崭新的油田——宝力格油田。

（2）直觉和灵感的出现存在于对问题寻求解答的反复思考和艰苦探索过程之中。

在油气勘探过程中，由于地下地质情况的复杂性，往往会经历勘探层系和勘探目标区的转移与变换，巴音都兰凹陷的勘探就经过了一个反复认识、艰苦探索的过程。

1977年，解放军水文普查钻探的ZK5井，取心发现74m油砂；1978—1979年，地矿部钻探锡1等3口井，见到良好油气显示，揭开了巴音都兰凹陷勘探的序幕。1980年，石油工业部投入勘探，至1988年先后完钻探井11口，巴1井、巴2井、巴5井、巴27井等4口井获得工业油流，巴4井、巴9井、巴23井等3口井获得低产油流，基本明确该凹陷具有两个生油洼槽，三个有利二级构造带——巴Ⅰ号构造、巴Ⅱ号构造和包楞构造。1991—1993年，围绕北洼槽包楞构造，钻井8口，4口井见到油气显示，巴32井175～185m井段常规试油见油花，油质偏稠。1993—1995年，勘探南洼槽，采集三维地震

204km², 钻井 7 口，都见到了油气显示，但由于储层差，未取得实质突破。1998—1999 年，再上北洼，在包楞构造钻井 4 口（巴 39 井、巴 201 井、巴 43 井、巴 45 井），仅巴 43 井获得工业油流，但油质稠，产量很低。

至此，巴音都兰凹陷历经二十余年的勘探，几上几下、南征北战、东转西移，钻井 37 口，仅落实控制储量 278 万吨，勘探长期难以取得实质性突破，成为二连盆地发现油气最早却久攻不克的凹陷。直到 2000—2001 年，立足比较丰富的石油资源，坚持研究与勘探，针对区内局部构造与有利砂体纵向上匹配关系差的特点，将勘探方向由构造油藏转向地层岩性油藏，并通过加强构造背景与有利沉积储集砂体的匹配关系研究，在巴Ⅱ号鼻状构造翼部构建了辫状河三角洲前缘砂体的岩性油藏成藏模式，钻探巴 19 井获得高产工业油流，才打开了油气勘探的新局面。其勘探突破可以说是经历了一个十分曲折的反复思考、艰苦探索的过程。

（3）直觉和灵感的出现是在对各种科学方法、思维方法达到十分娴熟的程度以至可以毫无意识地进行选择和运用的程度之后。

对于油气勘探工作而言，更是如此。当面对一个新地区、一个新凹陷或区块时，以往在成熟老探区的研究与工作方法、油气富集规律认识、勘探经验总会在无形中指导我们的思考与抉择，有些直觉和灵感就来源于这种潜意识之中。二连盆地阿尔凹陷的科学快速高效勘探，就很能说明这一点。

在前期勘探战略选区阶段，根据二连盆地凹陷分布与现今地貌具有较高一致性的特点，结合区域重力资料，认为该地区可能存在一个凹陷，及时部署二维地震勘探，发现阿尔凹陷为东断西超箕状断陷结构，陡带存在反转背斜（或断鼻），其结构特征与已经取得地层岩性油藏重要突破的巴音都兰凹陷南洼槽具有很强的相似性，非常自然地就想到了借鉴巴音都兰凹陷的成功经验进行勘探，在哈达背斜翼部首钻阿尔 1 井发现了上百米的优质烃源层，并获得工业油流，一举坚定了对该凹陷的勘探信心。继续在沙麦背斜和沙麦北构造整体部署阿尔 2 井和阿尔 3 井，结果均获得高产工业油流，进一步借鉴成熟凹陷的成功勘探经验，实施整体研究与整体勘探部署，12口井获得工业油流，整体控制、预测该凹陷石油储量近亿吨。阿尔凹陷借鉴老凹陷成熟的勘探成功经验，从发现凹陷到整体控制预测亿吨级石油储量仅用了不到5年的时间，较以往节省了5～10年时间，成为了中国石油新区（凹陷）科学、高效、快速勘探的典范。

（4）直觉和灵感往往产生于紧张工作后的思想松弛状态，而且是以闪电的形式出现，一般是来去匆匆。因此要注意劳逸结合，并养成随时记录直觉灵感的习惯。

很多科研人员都有这样的感觉，就是在大量的实物工作量面前和紧张的科研过程中，往往是按照传统的工作方法与研究步骤按部就班地开展工作，因此，人们的思维易于被固化，容易按照常规思路去思考，难以碰撞出灵感与新的想法。

而在研究期间的松弛或休整过程中，有一个短暂的对工作进行梳理与专门思考的时间，往往在这个时候，能够围绕关键技术问题进行全方位的思考，包括逆向思维、发散思维等，许多直觉、灵感，乃至创新的想法，就会忽然闪现，对研究工作起到巨大的推动作用。譬如在渤海湾盆地冀中坳陷饶阳凹陷的留西断阶带，过去按照构造油藏勘探的思路，在断阶带的最高部位仅发现了百万吨级的石油储量，与其基本成藏条件不符。向其中低部位进行扩大勘探，但多年勘探均是沿用构造油藏的研究思路，完成了大量精细的构造解释工作，但发现圈闭规模小、成藏评价不利，多年勘探没能取得实质性突破。但是，几位从事该区研究的工作人员，在一次偶然的工作间隙聊天时，突然意识到该断阶带的走向与砂体的发育方向垂直或斜交，砂体的横向尖灭与断层的纵向遮挡，在断阶带的中低部位具有形成断层—岩性油藏的可能性。这个想法一出现，让研究人员为之一振。重新按照岩性油藏的研究思路开展研究，在构造的低部位迅速发现落实了一批较大规模的断层—岩性圈闭，经钻探发现了5000万吨级的规模石油储量，是过去在构造高部位发现构造油藏储量的数十倍。

（5）讨论和思想交锋，可以促进直觉、灵感的产生。直觉和灵感往往是人们思想处于"受激状态"下的产物，不同专业的思想交锋和讨论是激活直觉、灵感的重要因素。国外提倡短暂的、创造性的、集体的头脑风暴法（Brain Storming）是一种获得直觉灵感的好方法。

在蠡县斜坡亿吨级规模石油储量的发现过程中，通过勘探与开发一体化，多专业碰撞、融合，加快了勘探开发整体节奏，提高了整体效益。勘探与开发一体化就是要成立勘探开发一体化项目组，做到勘探与开发资料信息共有，研究工作共担，认识成果共享，部署统筹安排，实施统一节奏，牢固树立勘探开发一盘棋思想，从"先要储量再要产量"向"先要产量再要储量"转变，追求勘探开发整体效益，推动勘探开发工作的全面发展。通过精细勘探开发一体化的实施，在蠡县斜坡实施钻探探井的同时，还实施钻探了一批评价井和开发井，既加快了对油藏特征的认识，使开发产能建设更加靠前主动；反过来开发的早期介入对油藏特征的深化认识又及时有效地指导了勘探的更大发现，促进了上亿吨规模储量的形成，提高了勘探开发整体效益。

作者简介：金凤鸣，中国石油杭州地质研究院首席专家，教授级高级工程师。

【案例 34】

相互借鉴，捕捉灵感，发明含磷抗磨添加剂（伏喜胜）

含磷抗磨添加剂是齿轮润滑油的关键技术和核心技术。含磷抗磨添加剂从结构上分有成千上万种，究竟选择哪一种结构的含磷抗磨添加剂作为齿轮油的主抗磨剂就如大海捞针，不可能对所有结构的含磷抗磨添加剂一一做实验，这样既费时也不可能一一做到。首先根据二十多年的研究经验和对含磷抗磨添加剂的深刻认识，排除了一些不可能的齿轮油含磷抗磨添加剂，由成千上万种缩减到上百种。其次对上百种含磷抗磨添加剂反复思考并使用科学实验反复验证，得到了十几种有使用前景的含磷抗磨添加剂。最后和研发团队集体讨论，相互借鉴，捕捉灵感。得到了四种含磷抗磨添加剂并成功应用。四种含磷抗磨添加剂分别解决了齿轮油的抗磨问题、抗磨和氧化的矛盾、抗磨和减磨的矛盾、抗磨与抗磨耐久性的矛盾，应用效果显著。项目获国家发明二等奖。

作者简介：伏喜胜，中国石油兰州润滑油公司，教授级高级工程师。

五、提出假说、经受检验，推动研究工作取得重大成果

【案例 35】

假想和探索推动了油田堵水调剖剂的发明创新（刘翔鹗）

科研任务一旦确定，急需的是一个思路，形成思路一是靠假想，二是靠探索。

假想是指对事物的发展提出的设想和假设。这些设想和假设的基础是存在的事实，没有事实依据的设想和假设就变成了空想。当然这些设想和假设必须在一种已被公认的理论的指导下，或者说是与理论的原则存在着一致性，否则这种设想和假设就变成了胡思乱想。

探索是表明为了达到某种目的或获取某种结果而动手进行的某些前人未曾做过的实践活动。当然探索的目的是获取最新的成果，而探索的方法是创新性的实践活动。

假想和探索紧密结合形成一个创新研究的思想方法的一方面，它协助你捕捉新出现的现象和表征的特点，从而得到科研所追求的成果和特征，进而深化、提高，达到形成理论的目标。

我和研发团队在油田堵水调剖技术方面，经过多年的研究和探索，对化学剂的流动状况提出了三种新认识，加深了油田堵水、调剖机理的认识，通过实验，捕捉到了出现的新的现象和表现特点，并进一步深化，获取了堵塞机理的新认识。即油田堵水剂流动的"第二通道论"，"爬形虫"或"变形虫"论以及无机凝胶"涂层堵塞论"等。

为探索了解油田堵水施工中，化学剂进入岩层后的流动动态，摸索当堵剂对原高含水层进行封堵后，化学剂的行动方向和路线以及水驱油的行动路线，设想在地层中出现了另外一个通道，形成了"第二通道"的初步假想。然后进行了"微观模型"、核磁成像(NMRI)平面模拟的实验研究，通过核磁成像的模拟观察，发现了当用化学剂对注水层进行剖面调整时，化学堵剂进入高渗透层段或大孔道中并对其形成堵塞，当注入水继续推进时，重新选择通道，即在原注入水未波及的层段形成第二通道，从而提高了注入水的波及体积，改善了注水开发效果。这一设想、探索的全过程初步得到了一个新认识，即油田堵水技术的"第二通道论"。

经过相似的假想和探索的过程，发现了化学剂大直径的颗粒通过储层孔喉时，因其凝胶颗粒大于喉道直径，则受到挤压而变形，而后通过喉道，穿越后，凝胶颗粒又恢复其原形，某些凝胶颗粒则因受挤压而失水变小，通过喉道后又恢复原状，第三种颗粒，受挤压后脱水而破碎通过喉道，汇总以上现象，提出凝胶颗粒在地层孔隙中运移呈"变形虫"或"爬形虫"状态通过孔喉。这些机理研究有效地指导了新型油田堵水调剖剂的发明创新。

假想是科学研究思路的起始点，假想要以事实为基础，相关理论做指导，而探索则是对假想的实践，只有通过实践才能判定这一假想的真伪，只有实践才能见到假想的实际价值。但探索中的实践往往是前人所没有的，是创新性的。经过假想和探索的全过程，可以上升为一种新的认识，提升、综合后形成一个新的理论。把两者紧密联系起来是科研工作者本身的能动作用的表现，而探索的开始也是科研工作者创新能力的体现和开始。

作者简介： 刘翔鄂，中国石油勘探开发研究院原总工程师，教授级高级工程师。

【案例36】

库车前陆冲断带天然气动态成藏假说的提出和证实（宋岩）

石油勘探是一个十分复杂的、充满风险和挑战的探索过程，其间会遇到许许多多令人困惑的问题，要求科研人员"大胆假设、小心求证"。下面以库车前陆冲断带盐下致密化储层成藏分析为例，说明假说的提出、求证及其重要意义。

克拉苏构造带位于天山南部库车前陆盆地北侧，以近东西向展布的逆冲断层为界，自北向南进一步划分为克拉苏区带、克深北区带、克深区带、克深南区带和拜城北区带，根据断—盖控制下的膏盐岩盖层差异性研究成果，后四个区带膏盐岩盖层十分优越，天然气成藏非常有利，先后在古近系库姆格列木群膏盐岩之下深层发现了大北1、大北2、克深2等气田，显示深部区带天然气资源潜力巨大，也夯实了"西气东输"的资源基础。

对比克拉苏区带的克拉2气田，深部区带天然气成藏不足之处是储层埋藏深、物性较差，基本为致密储层，如大北1、大北2、克深2等，岩心实测或测井解释成果表明，储层埋深在5500米之下，孔隙度多数在10%以内，渗透率多数小于0.1毫达西。这种深层致密化储层成藏机理如何？盐下深层大面积致密化储层是否整体含气？

用深盆气成藏机理和理论来解释克拉苏构造带盐下深层致密化储层成藏是不合适的，当然与常规天然气藏差别更明显，原因是库车前陆冲断带源与储不直接接触，中间发育舒善河组、巴西盖组等巨厚泥岩，盐下大面积致密储层必须依靠油源断层的沟通方能成藏。除此之外，还有以下认知：

（1）烃源岩演化史和储层流体包裹体研究表明，库车前陆冲断带大规模天然气充注时间为库车组沉积期—西域组沉积期，为晚期强充注型；目前盐下致密化储层埋藏深度为5500～8000米，扣除库车组和第四系地层，该套储层于库车组沉积时期埋深大多在4500米以上，多数储层未达到致密程度。说明储层致密化时间与天然气大量充注成藏时间是一致的。

（2）储层沥青、流体包裹体分析结果证实，库车前陆冲断带白垩系储层在致密化开始之前存在早期原油充注，时间在库车组沉积以前；储层中多数原油被后期充注的天然气气洗，并沿尚未被膏盐岩封挡的断层向上运、散，原油轻组分正构烷烃减少和含蜡量增加的分析数据提供了最好的证据。

综上所述，针对库车盐下整体大面积致密化储层成藏，提出了"盐下致密储层边成藏边致密、大面积含气、构造高点和裂缝发育区富集"的天然气动态成藏假说。具体内容如下：

（1）白垩系储层在致密化之前所发生的早期油气充注改变了储层的润湿性，由水润湿变为油润湿，使后期天然气在致密储层中的运移充注阻力大大降低。

（2）盐下深部储层横向上与油源断层广泛接触，大范围接受油气充注，特别是晚期储层致密化过程中的天然气强充注，此时膏盐岩盖层封闭性强。边充注边致密的过程势必造成盐下深层大范围含气，且发育流体高压。

（3）储层致密化过程往往由深至浅，同一构造区带的高部位储层致密偏晚，在天然气浮力的作用下，构造高部分天然气最富集。

（4）岩心观察和成像测井分析表明，致密化储层裂缝发育，特别是断裂带附近和岩层变形曲率较大的部位，裂缝改善了致密储层的渗透性，并使致密储层中的天然气向此汇聚、富集。因此，裂缝发育部位是天然气的富集区，且气水界面往往是动态的。

随着油气勘探的深入，克深5、大北3深井的钻探成功，"盐下致密储层边成藏边致密、大面积含气、构造高点和裂缝发育区富集"这一假说不断被勘探实践证实、丰富，已逐渐形成关于前陆盆地致密化储层成藏的成熟成果之一。

中国中西部前陆盆地为多期活动的叠合盆地，发育多套烃源岩，为多期成藏，主体储集层经历了早期油气的充注润湿，后期叠加天然气成藏，特别是坳陷—斜坡带深层大面积致密化储层。该认识必然具有重要的推广和应用价值，同时也丰富了前陆盆地致密气成藏的理论体系。

作者简介：宋岩，中国石油勘探开发研究院石油地质实验研究中心原书记，教授级高级工程师，博士生导师。

【案例 37】

有机质"接力成气"模式的提出及意义（王红军）

法国学者蒂索（Tissot et al，1978）等提出的有机质生烃演化模式已经指导世界范围的油气勘探近 30 年。经典油气生成理论阐述了有机质在热作用下降解形成油气的一般过程，并卓有成效地指导了世界上大部分油气资源的勘探，但这一理论对高—过成熟阶段（$R_o > 1.6\%$）天然气的来源没有给出深入、定量的解释；经典的油气勘探理论重点关注在温度和时间控制下，从烃源岩中发生排烃和运移的油气在地质历史中的聚集、调整、逸散与进一步热裂解过程，忽视了滞留于烃源岩内部、呈分散状分布的可溶有机质的成气与成藏潜力。

赵文智等从 2003 年开始，在国家 973 天然气地质基础研究中，发现中国广泛分布的海相烃源岩，目前都处于高—过成熟演化阶段（$R_o=2.0\% \sim 4.0\%$），按照传统的干酪根生烃模式，其生烃潜力较低，勘探前景一般评价不高。但近年来在四川、塔里木、鄂尔多斯盆地高—过成熟海相烃源岩分布区不断发现储量超过千亿立方米的大气田（区），说明这一领域蕴藏着丰富的天然气资源。在认真分析了大量地质样品，反复思考与讨论后，赵文智等提出"烃源岩生排液态烃的过程，就像挤毛巾一样，永远都不可能把毛巾中吸附的水完全挤干"，总会有一部分液态烃滞留在烃源岩内部，当烃源岩中的干酪根生气结束后，这些滞留的分散液态烃可能会接着再生成大量的天然气，烃源岩中是否存在一个干酪根和分散液态烃生气的"接力"过程？这样一个假说如果成立，那就意味着在我国海相盆地近 200 万平方千米的高—过成熟烃源岩分布区仍具备可观的天然气勘探潜力。

通过近 5 年的持续研究，在大量生烃动力学实验和地质统计分析的基础上，终于建立了有机质"接力成气"模式：

（1）烃源岩中分散液态烃的数量与下限标准。

通过模拟实验与国内外对比研究，发现我国海相盆地烃源岩有机碳含量相对较低，以中低丰度为主（TOC<1.5%）。这类烃源岩在生

烃高峰期（R_o=0.8%～1.3%）形成的液态烃,只有40%左右可排出源岩母体,60%左右的液态烃呈分散状仍滞留于烃源岩内。实验揭示,当地层中分散液态烃含量达到0.01%～0.02%时,即可作为有效气源岩发生排气运移过程。实际样品分析显示,塔里木、四川盆地古生界海相高过成熟烃源岩（R_o>1.6%）都含有较为丰富的分散液态烃,可以作为有效气源岩。

（2）分散液态烃的成气时机与贡献。

生烃动力学模拟实验揭示,分散液态烃的主生气期滞后于干酪根热降解成气期。干酪根主成气期为R_o=1.0%～1.5%,分散液态烃主生气期对应R_o=1.2%～3.8%,且成气效率是等量干酪根的2～4倍,二者在成气时机与贡献上构成"接力"过程。

有机质"接力成气"模式论述了烃源岩中滞留液态烃的数量及其在高过成熟阶段的生气时机和贡献,论证了高过成熟烃源岩仍具有很大的生气和成藏潜力,发展了以往的生烃理论,突破了我国海相地层热演化高过成熟区天然气勘探的重大理论问题,拓展了勘探领域。

我国四川、塔里木、鄂尔多斯与南方等盆地海相烃源岩分布总面积达230万平方千米,现今大都处于高过成熟阶段（R_o>2.0%）,干酪根生烃能力早已枯竭,长期认为天然气勘探潜力十分有限。有机质"接力成气"理论大大提高了在高—过成熟烃源岩区发现天然气藏的前景与勘探潜力,突破了勘探"禁区",开辟了勘探新领域。按传统生烃模式评价,我国海相地层高过成熟区天然气资源总量为3.5万立方米。"接力成气"理论提出后,增加了分散液态烃成气的贡献,新评价可增加这一领域天然气资源总量5～8万立方米。国外权威学者认为,该项研究不仅增加了中国天然气资源总量,而且会增加全球天然气资源量。该项研究2008年获国家科技进步二等奖。

作者简介：王红军,中国石油勘探开发研究院亚太研究所所长,高级工程师,硕士生导师。

六、科学原理起源于实验与观察，科学实验是技术创新不可逾越的环节和手段

【案例38】

对应实验 + 选择 = 发明（王汇彤）

生物标记化合物甾烷、萜烷的单体烃稳定碳同位素组成分析技术可以更深入、精准、全面地反映其生物前驱物特征，有效解决特殊（无法找到成熟度匹配烃源岩）地区油源对比、母质来源判识等常规地球化学实验手段无法解决的难题。该技术的难点和核心在于甾烷和萜烷的分离富集，国外一家机构经十年研究掌握了该项技术，但只对外提供服务，技术流程保密。中国石油勘探开发研究院王汇彤博士等根据国内油气地球化学研究的需求，在查阅大量文献的基础上，着眼于寻找能够高效分离不同结构、不同构型化合物的分子筛。在国外分子筛无法得到的情况下，国内相似结构的分子筛成为他们实验的对象。经过不断地探索，终于从几十种国产分子筛中找到了能够富集分离甾烷、萜烷的分子筛，成功地建立了生物标记化合物甾烷、萜烷的单体烃稳定碳同位素组成分析方法。

作者简介：王汇彤，中国石油勘探开发研究院石油地质实验研究中心，教授级高工。

【案例 39】

科学有效的试验方案是能否取得试验成功的关键（伏喜胜）

在"齿轮油极压抗磨剂、复合剂制备及工业化应用"这一课题研究中，始终坚持"多思考，少试验，做到每一个试验有效有用，即使失败也能说明一个问题"。在该项目的研究中，如何通过东风汽车公司的专用齿轮油台架是项目的难点所在。国外各大知名润滑油公司在东风汽车公司的专用齿轮油台架试验中均以失败告终。如何攻克这一难关，首先必须思考国外公司失败的原因，盲目做试验是没有任何用处的。通过认真思考和科学推测认为，国外公司失败的根本原因是对中国齿轮油的实际使用工况了解不够，中国齿轮的加工水平低于国外，须用极压抗磨性能更好的齿轮油，同时中国车辆的严重超载也必须提高齿轮油的极压抗磨性能。找到问题的关键，做实验的方向明确。和东风汽车公司紧密合作顺利攻克这一技术难题，成功研发更适合中国国情的齿轮油产品，把国外在东风汽车公司应用十几年的齿轮油产品挤出东风汽车公司，成功占领市场。

作者简介：伏喜胜，中国石油兰州润滑油公司，教授级高级工程师。

【案例 40】

科学实验有效地解决了将重质、劣质原料转变为高附加值的丙烯化工原料的技术难题（高雄厚　刘超伟）

硅溶胶型助剂的核心技术是硫酸—水玻璃体系硅溶胶载体制备的方法，其关键在于如何解决制备得到的硅溶胶迅速转变为没有流动性冻状凝胶的阻聚技术。课题组认识到必须把硅溶胶凝胶的原理理解得更加透彻，硅溶胶稳定时间的问题不解决，一切努力都是徒劳。为此，查阅了大量关于胶体粒子间的相互作用及电性匹配原理的文献，科学设计试验方案，针对外加稳定剂与硅溶胶体系稳定时间和催化剂磨损指数之间的相互影响关系，进行了有针对性的试验。课题组仔细观察每一次实验现象、记录实验数据，在失败中发现问题、分析问题，返回来用原理解决问题。最终，确立了影响硅溶胶体系稳定周期的分析方法。硅溶胶的稳定时间由最初的 30 分钟逐渐延长到 100 小时，可以说这每 1 分钟稳定时间的延长，都是在课题组人员的仔细观察下获得的。解决了长期困扰硅溶胶载体工业转化的"爆聚"问题，随后的助剂开发自然就变得水到渠成。

硅溶胶基质成功实现工业转化的启示如下：

在我们学习方法论、认识论的时候，最常引用的一句话就是"透过现象看本质"。在这里，本质就是客观的事物及其规律，而认识本质的方法是实践，而在实践过程中，高效的方法是提升效率、深化认识的重要因素。巴甫洛夫曾说过："在自然科学中，创立方法，研究某种重要的实验条件，往往要比发现个别事实更有价值"。因此，在新技术、新材料、新工艺、新产品的开发过程中，通过对实验现象的观察，提出问题，建立适合的分析与解决方法是整个开发过程的关键所在。创造性的思维活动一般总从问题开始，而有了正确的实验方法，解决问题就会变得事半功倍。

作者简介：高雄厚，中国石油石油化工研究院副院长，教授级高级工程师。刘超伟，中国石油石油化工研究院，高级工程师。

【案例41】

模拟实验解决了烃源岩生气过程有效性定量评价难题（王红军）

烃源岩的生气过程是一个经历了数百万年至上亿年的漫长地质过程，不可能在实验室短时间内再现。如何利用可获得的地质参数对烃源岩的生气过程进行评价，是认识一个盆地油气资源潜力的关键。

传统研究方法主要根据源岩生烃过程的残留物（如成熟源岩的组成与物性）与产物（如烃类气体的组成）进行生烃过程的推测。化学动力学的发展为烃源岩生气过程的定量模拟提供了可能，即可以利用化学动力学技术模拟油气的生成。油气生成的动力学的基本原理是：干酪根（或其他生烃母质）生成油气的过程中，温度和时间呈互补的关系，这种关系符合化学反应动力学，因而利用模拟实验方法推导出干酪根生成油气及镜质组反射率 R_o（%）演化的动力学参数，再将这些参数外推到自然地质条件，便可预测所研究地层中油气的生成量、生成阶段及其组成特征，从而定量地反演烃源岩的油气生成过程。烃类生成的化学反应动力学是由阿仑尼乌斯方程(Arrhenius)所描述的系列一级平行反应，模拟实验的核心工作是建立温度—时间—生烃量关系，并计算出有机质生烃动力学参数，该动力学参数通过软件可以将实验结果从实验室升温速率模拟到地质升温速率，从而将实验结果推至地质过程，实现对地质过程的定量反演。模拟装置分开放系统（如RockEval，PyGC，MCT—PyGC等）和封闭系统（如高压釜、MSSV、金管系统等）。生烃动力学研究对象随着技术的发展也不断发展：从总生烃潜力（S2）、油气比（GOR），到不同族组分（如 $C_1 \sim C_5$，$C_6 \sim C_{14}$，C_{15}^+ 及饱、芳烃及沥青质和极性组分），再到单个的分子（C_1，C_2，…），一直到同位素动力学，实验的精度越来越高。由于开放系统研究初次裂解比较有效，而封闭系统除了研究初次裂解以外，还可以有效模拟二次裂解，因此将二者结合，可以比较全面和准确的表征烃源岩的生油气过程。

目前国内外应用广泛的是金管系统，该系统是封闭系统为主，也可以进行开放及半开放状态的模拟，另外，在模拟过程中有压力存在且连续可调，可以较好地模拟地层压力的影响，并且可以与温度变化相耦合，使模拟条件更加逼近地下真实条件。目前最高压力已经达到200兆帕，可以较好地模拟深层超高压环境下的生烃过程。实验加热系统分为等温和非等温(isothermal/non-isothermal)，可以精确模拟地质升温过程。模拟过程中可以采用纯干酪根或原油，也可以加入水、矿物或微量元素等催化剂，更好地研究生烃过程中的各种影响因素与反应机理。该实验方法不仅简化和纯化了研究对象即生烃母质，而且还可以简化研究条件，揭示其演化的规律或本质，另外在特殊的条件下强化研究的对象，如在超高温、超高压等条件下，可以发现在常温常压条件下许多生烃母质所不具有的性质与特征。

除了生烃模拟技术，分析测试技术也取得了突飞猛进的发展，目前对气体组分与碳氢同位素的测试水平与精度日益提高，结合数值模拟，可以相对准确地模拟出不同地质过程与地质阶段来源于不同烃源灶的气体组成与同位素特征，结合具体的气藏组成，可以对气体的烃源、生成阶段与聚集过程给出定量的判断。这对于成烃与成藏的定量研究具有重要的意义。

应该说，实验方法再现或模拟了烃类生气的地质过程，使地质历史上漫长而复杂的自然现象，通过实验室与计算机模拟得以再现。另外，实验模拟方法还是一种经济、科学的认识自然和变革自然的方法。这一点对认识客观地质规律、推动油气研究与勘探的科学发展具有十分重要的意义。

2003—2006年国家973天然气项目研究中，将生烃动力学引入气源灶评价，提出高效气源灶的概念与定量评价新指标，推动了气源灶的定量研究，为评价高效天然气资源潜力与分布提供了理论基础。

前人对气源岩的评价多采用有机质丰度、气源岩厚度、成熟源岩分布面积与生气强度等指标。这些指标侧重于烃源岩的质量的静态表征，实际上，气源岩的生气过程对成藏效率的影响很大。单位时间生气量越大，则成藏动力和效率就越高；同样，大量成气时机距今越近，散失量就越小，成藏效率就越高。因此，仅用上述一些静态参数并不能完全反映气源岩生气过程及其对聚集效率的影响。为此，本项目在生烃动力学研究的基础上，通过大量统计和实验室分析，提出了高效气源灶概念及定量评价方法，建立了一套针对天然气生成过程及其对成藏效率影响的评价体系。

（1）高效气源灶的概念。

高效气源灶是指具有一定规模的优质气源岩在热力或生物化学引力作用下，于较短时期内生成并排出大量天然气，从而在大、中型气藏形成中高效发挥作用的一类优质气源灶。与过去静态评价相比，高效气源灶强调生气的动力学过程，高效生气过程体现在气源岩熟化速度快、主生气期短、单位时间生气量大。

（2）高效气源灶评价指标。

高效气源灶重点关注气源岩主生气期内的生气行为，从生气潜力和生气过程两个方面评价气源灶对成藏的贡献。可用以下5个定量评价指标来评价：

熟化速率（R_{ov}，%/Ma）：指主生气期内单位时间有机质成熟度增加的程度。有机质成熟过程中，由于其熟化速率不同，对生烃的贡献也不同。

生气速率（G_v，$10^8 m^3/km^2 \cdot Ma$）：指主生气期范围内单位百万年有机质生气强度，用单位时间内单位面积生成的天然气数量表示。生气速率越大，气源灶对气藏的供气速率亦越大。是主生气期内气源灶对天然气藏形成贡献大小的具体体现。

主生气期持续时间（T_m，Ma）：指气源岩开始大量生气（转化率达到20%时）至成气转化率达到80%所经历的时间。气源灶主生气期持续的时间越短，气藏聚集的效率就越高。

主生气期内生气量占总生气量的比例（T_n，%）：气源灶在主生气期内的生气量对天然气藏形成贡献最大，该比例越高，表明气源灶在成藏过程中发挥的作用越大。

主生气期距今时间（G_p，Ma）：指主生气期内生气高峰的绝对地质年龄值。距今时间越短，气源灶的大量生气的时间就越晚，天然气的散失时间越短，越有利于天然气的聚集与保存。

根据实验数据和对实际气源灶的解剖，得到形成高效气源灶的标准为：$T_m<40Ma$，$R_{ov}>0.05\%/Ma$，$G_v>0.6\times10^8m^3/km^2\cdot Ma$，$G_p<20Ma$。

（3）高效气源灶评价结果。

应用上述参数对全国 13 个主要含油气盆地生气强度均大于 $20\times10^8m^3/km^2$ 的气源灶进行了定量评价，只有库车、莺琼、川西、川东等 9 个坳陷形成了高效气源灶，是形成高效天然气资源的主要地区。

作者简介：王红军，中国石油勘探开发研究院亚太研究所所长，高级工程师，硕士生导师。

【案例 42】

测井识别火山岩岩性技术成功应用源于科学实验（欧阳敏　王敬农）

火山岩油气层测井评价是石油工业公认的科学技术难题，岩性识别是正确评价这类储层的关键技术之一。火山岩与碎屑岩不同，其储层岩性、岩相纵、横向变化大，储集空间类型复杂多样，导致有效储层的识别及物性参数的评价出现多解性，增加了利用测井资料评价火山岩储层及其含油气性的不确定性。

针对上述难点，新疆油田公司孙仲春率领的研究团队从岩石物理实验基础出发，首先采集到各种类型的火山岩岩心，然后模拟储层温度和压力等条件，进行岩心电、声、核、核磁等物性参数测量，获得了海量而繁杂的实验数据。通过整理、分析、归纳和总结，得到了各类火山岩岩性的一些典型的岩石物理特征。沿着火山岩岩石学特征和测井响应机理这条主线，并参考前人研究成果，结合盆地内已钻探的60多口井测井资料，把从实验中获得的规律性认识与实际测井曲线反映的特征进行对比分析，层层深入，揭示诸多现象背后的原因，去粗取精、去伪存真、总结凝练，形成了一套可操作的、实用的火山岩岩性测井识别方法：常规测井结合地层元素测井，用以描述火山岩化学成分；常规测井结合微电阻率扫描成像测井，用以描述火山岩的结构、构造特征；综合应用各类岩性识别图版（常规图版、组合特征图版）确定火山岩岩性。以该方法为核心，制定了火山岩岩性测井识别流程。把该方法应用到随后钻探的多口探井，证明了其有效性。

这一发现突破了准噶尔盆地火山岩储层测井评价的瓶颈，是火山岩优质储层识别和含油气性评价方法上的一大创新。研究团队以此为基础形成了一套比较完善的评价技术，使火山岩油气层测井评价整体上了一个新的台阶，在准噶尔盆地火山岩油气田勘探过程中解决了一系列疑难地质问题，特别是为克拉美丽大型气田的发现、评价与探明提供了重要的测井技术支持。在该研究成果与地质、地震人员交流推广应用过程中,科研人员发现已有的一些方法和技术需要有更进一步的岩石物理基础,才能够进一步提高该技术的有效性;测井与地震结合,才能使前期的成果得到更深入、更广泛的应用。这些认识指明了研究团队的下一步攻关方向。

作者简介:欧阳敏,中国石油新疆油田分公司勘探开发研究院,高级工程师。王敬农,中国石油集团测井有限公司技术中心原主任,教授级高级工程师。

七、分析前人成果，应用逆向思维，寻找解开难题的钥匙，在开题前选准和设计好技术路线

【案例43】

应用逆向思维，在前人研究基础上原位晶化型催化裂化催化剂获得重大突破（高雄厚 刘超伟）

原位晶化型催化裂化催化剂具有孔结构发达、活性组分可接近性好、水热稳定性优异、耐重度重金属污染等性能特点，是一种理想的渣油转化催化剂。国外BASF公司凭借着自己拥有的中位径小于1微米的优质超细高岭土土源，一直垄断着原位晶化催化剂的制备技术，并断言中国的高岭土土源不能满足该工艺要求，不适合发展原位晶化催化剂。BASF公司的工艺是将超细高岭土（平均粒径0.6微米）经不同温度焙烧活化处理后喷雾成型，利用单一微球晶化制备成品催化剂。我国高岭土的平均粒径较大，不能直接用于催化剂制备，是否真的像外国专家所说的，我们就不能拥有自己的原位晶化型催化剂呢？高雄厚运用逆向思维方法，指出高岭土粒径主要是与催化剂抗磨性能相矛盾，那能不能先将高岭土喷雾成型来解决这个问题。基于这一构想，开发出高岭土先喷雾成型，再经过分区热化学改性，最后由组合微球晶化的技术路线。新工艺对原料粒径指标的要求放宽了5倍（平均粒径3微米），不但显著降低了成本，更重要的是为该技术实现工程化奠定了良好的基础。在此基础上，开发的具有独立自主知识产权的原

位晶化催化剂在国内外实现了大面积推广，取得了可观的经济效益。该项目共申请发明专利 12 件，其中包括 1 件美国授权专利，2008 年获国家科技进步二等奖。

大粒径高岭土制备原位晶化催化剂新工艺开发的启示如下：

在技术创新的道路上，要善于应用"逆向思维"，打破传统的思维程序，对问题作反方向思考，提出新思路、新方案。运用这种思维方式，常常会收到出人意料的效果。而使用逆向思维需要有很高的技巧，这个技巧就是"逆"与"顺"的辩证统一。高雄厚常说："自主创新就好像在针尖上舞蹈"。要能在针尖上跳舞，需要常常用难以捉摸的逆向思维探索尚未发现的客观规律。但是，一旦发现了客观规律就严格"顺着"规律办事。此外，在善于"逆向思维"的同时，还要学会使用"侧向思维"，在别人汇报成绩的时候，寻找不足之处，避开众人注目的正面，从一般人不注意、容易忽视的侧面进行思考，寻找突破口，解决问题。研究团队成员讨论课题的时候，常戏称这个方法为"关门打狗"，只有准确把握待解决问题的本质，确定了研究目标，然后集中力量组织攻关才能取得技术上的重大突破。高雄厚常说："大海捞针固然很难，但如果能够精确找到针的位置，利用各种技术捞针并不困难"。

作者简介：高雄厚，中国石油石油化工研究院副院长，教授级高级工程师。刘超伟，中国石油石油化工研究院，高级工程师。

【案例 44】

善于阅读论文学人之长，启发思维——"油膜法"暂堵技术获得成功（蒋官澄）

方法是打开科学研究的金钥匙也是理解学科交融的关键，深入剖析前人认识问题、分析问题、解决问题的方法，是正确选题和进行创新性研究的重要方法。要善于在阅读论文时研究问题，启发自己的思维。

屏蔽暂堵技术是钻井过程中最常用的保护油气层钻井液技术措施。该技术的关键是，在准确预知地层孔喉直径基础上，要求暂堵颗粒粒径与油层孔喉直径严格匹配。我们研究组成员有着扎实的油田化学专业知识，并从事油气层保护研究多年。我们发现国内外发展的传统屏蔽暂堵技术、广谱型屏蔽暂堵技术、理想充填屏蔽暂堵技术均是围绕着"封堵地层孔喉"这一思路展开的。而实践表明，由于准确且完整的油气层孔径资料不易获得，选择粒径带有盲目性，另外，由于油气层的非均质性较强，油气层的孔喉直径分布范围较宽，往往导致所选暂堵剂只能对某一井段达到较好的暂堵效果，而不能有效保护整个油气层。针对这一难以解决的客观问题，我们突破了常规的屏蔽暂堵技术对储层"颗粒封堵"的思路，通过油膜对储层进行"油膜覆盖"，使复杂的问题简单化，无须知道地层的孔喉直径及分布，而且油膜能够通过后期的生产自动解除，解决了以往的屏蔽暂堵技术油层保护效果不理想的难题。在国内首次研发了新型油层无伤害"油膜法"暂堵新技术，实现了对油层的"零伤害"。与常规屏蔽暂堵技术相比，可使油层伤害程度降低 7.4～10 倍，产量提高 1.82～2.96 倍，具有显著的经济效益和社会效益，为此该项目获得国家科技进步二等奖。

作者简介：蒋官澄，中国石油大学（北京）石油工程学院教授，博士生导师。

【案例 45】

采用反向思维，研发高含水油田两相流产出剖面测井技术（刘兴斌）

1. 背景

产出剖面测井在油田开发中发挥十分重要的作用，为注采方案调整、储层动用评价，以及压裂、堵水、调剖等油水井增产改造措施的实施和效果评价提供必不可少的资料。大庆油田十分重视开发过程中动态资料录取，每年都录取几千井次的产出剖面资料和上万井次的注入剖面资料。20世纪90年代初，大庆油田综合含水已接近80%，当时实施"稳油控水"工程，目标是"三年含水不过一"（综合含水上升不超过1%），迫切需要产出剖面资料识别高含水层、判断低效层，以更有效地实施油水井增产改造措施。

传统的产出剖面测井仪都采用涡轮流量计和电容含水率计组合。现场测井发现，对于高含水油井，电容含水率计无法有效工作，含水率测量误差大，涡轮流量计也常因油井出砂使涡轮卡死，原有的测井技术无法满足开发需求，急需开发新型测井仪器。当时我在大庆生产测井研究所工作，同时在哈尔滨工业大学攻读博士学位，博士论文选择了"高含水油水两相流测量"课题。原定方案也是采用电容传感器测量含水率，采用电容式相关流量计测量总流量。但查阅大量参考文献发现，前期针对电容传感器的理论和实验研究表明：电容传感器仅适合于低含水段，当含水率超过30%时会失去油水分辨能力。这是由于水的导电效应造成的。传感器内流体中的传导电流（与流体的电导率成比例）随着含水率升高而增大，当它和位移电流（与流体等效电容和激励频率成比例）相比已经不能忽略，会导致显著的含水率测量误差，这也与现场反馈的情况相吻合。这样，继续采用原来方案将使研究进入死胡同。

2. 方法论的应用

为了提高含水率的测量精度，当时很多研究者都把注意力集中在如何提高测量电路的工作频率、设计复杂传感器结构来减少传导电流所占比重。电容的导纳随工作频率增加成比例地增大，而等效电导或电阻随频率变化则可忽略。这一方法虽然理论上可行，但实现起来非常困难。因水电导率很大，且随矿化度和温度而变。为消除或减小导电效应，电容器需采用极高频率进行激励，必须考虑分布参数影响，传感器设计和电路调试十分困难。

如何解决这一矛盾，长时间冥思苦想而不得其解。有一天忽然灵机一动：既然油井高含水，传感器中传导电流为绝对优势项，何不反其道而行之，直接测量油水混合物电导率（电阻率倒数）来测量含水率呢？因为水导电、油不导电，混合物的电导率必然会随含水率增加而增加，根据电导率值就可以确定含水率。

但这个想法有无理论依据，前人是否做过研究？通过查阅文献得到肯定支持：在锅炉两相流测量等领域，有人用电导传感器测量气水两相管流的流型，也用来测量气水两相管流的液膜厚度；在地球物理测井领域，电阻率测井是确定储层含油饱和度的基本方法。在理论模型方面，麦克斯韦早在一个世纪前就建立了离散相均匀分布于连续相时混合电导率与含水率的函数关系。所有这些都支持了采用电导率测量含水率的设想。随后，我又设计了一个不同体积比例蜡球（模拟油泡）与水混合的简单实验，初步验证了原理是可行的。

这坚定了继续研究的信心，制定了课题实施计划：一是设计合理传感器结构，并做电磁场仿真对传感器进行优化；二是加工原理实验样机，在多相流装置上进行动态实验验证；三是研制测井仪器，进行现场验证和评价；四是要在此基础上，研发无可动部件的电导相关流量计。

传感器设计要克服几个关键工艺问题：一是电极极化，电极在直流电作用下会发生极化而发生腐蚀；二是电极沾污，原油对电极沾污会影响测量精度和可靠性；三是电极的双电层效应，在低频下，金属电极表面和导电水的界面会构成一个双电层，形成一个大电容，与流体电导相叠加，导致含水测量误差；四是流型影响，油泡的大小及在水中分布受流速影响大，且不是理想的均匀分布，如果传感器内电场畸变大，也会带来较大测量误差。为此参阅了地球物理测井著作，对供电电极和测量电极分立的设计印象非常深刻。借鉴了这一思想，设计了巧妙的环形电极传感器：将四个环形电极按一定间距排列在绝缘管壁上，流体从电极组内部流过。两端为激励电极，施以幅度恒定的交变电流激励；中间两个为测量电极，二者之间电压就与流体电导率成比例。由于采用恒流激励，大大减小了电极沾污影响。再选择合适的中频段激励，有效化解了双电层效应和电极极化的影响。由于激励电极和测量电极是分立的，测量电极安装位置就有较大自由度，可以安置在电场均匀的位置，减小了油水分布不均匀的影响。

为了从理论上验证测量电极所处位置的电场是均匀的，进行了电场分布数值计算。采用一种巧妙的镜像边界条件处理方法，获得了第二类边值问题的电磁场方程解析解。经编程计算，获得了传感器内电势和电流的三维分布。结果证实了当初的预想：传感器内大部分空间的电场分布非常均匀，测量电极可以安置在合适位置，有效减小油水分布不均匀的影响。这样，通过选择环状电极、激励—测量电极分立、中频恒流激励等设计，上述困难就得到化解。而且传感器结构简单，无阻流部件，电路也易于实现。

1995年4月，课题组完成了原理样机制作，成败关键就在于多相流装置上的实验验证。大庆油田多相流实验装置是国内最先进的，井筒内油、气、水各相流量可以精确计量和控制。将原理样机下入到模拟井筒内，电子测量仪器安放在井口的工作台上。实验中，设定不同油水总流量和含水率，用示波器记录传感器的输出信号，并进行归一化数据处理，做仪器响应—含水率关系曲线。一开始出师不利，工作电路出现故障，一直调试到中午，示波器终于显示出预想中的含水率信号波形。随后的实验出奇的顺利，一直进行到晚上九点才停歇。第二天又接着做了一整天，所有的实验点一气呵成。对数据进行综合处理，获得了十分理想的归一化响应与含水率关系图版：在较高流速时，归一化响应与含水率的关系与麦克斯韦公式吻合得非常好，表明此时的两相流可视为精细泡状流，也证实了实验数据是可信的；含水率测量精度可达到 3%，远远好于电容传感器。动态实验达到了预期目的。

测井仪要投入现场应用还需解决地层水电导率校正问题。因为油井不同产层水的矿化度和温度不同，水电导率在很大范围内变化，会给含水率测量带来显著误差。为此，在测井仪器上设置了水电导率校正装置，测得全水值响应并对含水率进行校准，这样测得的含水率就不受水矿化度和温度变化影响，这也是这项技术的一个突出优点。

1996 年 8 月，现场测井仪器在北 4-100-丙 246 井的现场试验获得成功，在全井段测得流量和含水率与井口测量值对比非常理想，获得了理想分层测试资料，得到了在场专家高度认可。之后，在大庆油田采油五厂，进行了 5 井次的阻抗式产出剖面测井仪的现场对比试验。在油井射孔井段之上的全流量段，测井结果与地面计量对比非常理想。经过对比验证，随即投入了应用，经不断改进完善，在大庆、吉林等高含水油田推广应用。

研制电导相关流量计是本课题另一项重要工作，目的是弥补具有可动部件涡轮流量计可靠性低的不足。本课题采用了互相关法来测量流量，将两个电导含水率传感器沿一定间距安置在流道的上游和下游，采集两路含水率波动信号并进行互相关处理，就可以获得流量。其优点是无转动部件，可靠性较涡轮流量计大幅度提高，而且用一组传感器就可同时实现流量和含水率测量。因为测量原理与传统方法截然不同，流量是利用两路随机信号计算得来的，而不是类似直接测量涡轮转速而确定流速的，在测井领域没有先例，只有研制实验样机通过实验才能证实可行。在阻抗含水率计基础上，设计了环状阵列相关流量传感器，开发了信号调理电路、单片机处理系统以及互相关算法，形成了原理实验样机。1995 年 11 月进行关键的多相流模拟井实验验证。实验整整进行了一个月。最初一个星期，示波器采集信号的波形杂乱无章，无论怎么调试，始终得不到预想的流动信号。但一周后的一个早晨再次实验，示波器一打开，屏幕上显示两路波形具有明显的相似性！大家一阵惊喜，立即用信号分析仪进行互相关运算，结果计算流速与实际流速很接近，表明数据可信。随后实验很顺利，获得了理想的结果。大量实验数据充分表明，测量流速与标准流速具有良好线性关系，可以达到与涡轮流量计同样精度，但因无可动部件，具有优良的可靠性。

1999年5月，电导相关流量测井仪投入现场试验。在老区和外围油田，选择了11口抽油机井进行了测试。油井的含水率在50%～95%范围内，产液在5～100米^3/天之间。现场进行了多方面的对照试验：与涡轮流量计对照、在射孔井段之上的全流量段与地面计量对照、仪器的重复性测量试验、多支仪器一致性检验等。所有试验都取得理想结果，充分证明了该技术应用于现场的可行性。在后续应用中，成功地录取了严重出砂井和聚驱采出井的产出剖面资料。L8-1618井为自喷井，出砂严重，一共下4支涡轮流量计，由于涡轮砂卡导致测井失败。采用电导式相关流量测井仪进行测井，顺利完成流量、含水率的测量；拉4-23井为一口聚驱产出井，由于该井产出流体的黏度非常高，并且伴随有絮状沉淀物，常规涡轮流量计无法测量，采用电导相关流量计一次测井成功。

3. 效果

通过了现场试验验证，该系列技术随即在大庆、吉林等高含水油田全面推广应用，目前已经发展成为常规技术，每年测井2000余井次，累计测井超过3万井次，测井收益超过8亿元，为大庆油田的高产稳产中发挥了重要作用，取得了显著的经济效益和社会效益。

这一方法还开辟了电导传感器应用于高含水油井多相流测量新的研究领域，相关应用技术研究至今还在延续。研究成果已总结了数十篇论文在国内外学术期刊和会议上发表，取得了10项专利技术，培养了10余名研究骨干、硕士、博士和博士后，还获得了1998年度国家自然科学基金的资助。2004年，"阵列阻抗相关产液剖面测井技术研究与应用"荣获国家科技进步二等奖。

作者简介：刘兴斌，大庆油田测试技术服务分公司总工程师，教授级高级工程师。

【案例46】

应用新思路，开创了洼槽区油气勘探新局面（赵贤正 金凤鸣）

【案例46-1】

我国东部断陷过去所发现的石油储量主要分布在洼槽区周围的正向构造带（中央隆起带和背斜构造带等）。占断陷面积50%以上的洼槽区为远离物源的负向构造区，勘探程度非常低、发现储量也很少。研究认为，洼槽区是剩余石油资源的主要分布区，勘探潜力巨大。但是，由于缺乏有效的勘探理论和技术，导致洼槽区勘探成效差，多年来始终是勘探的"禁区"。

我们科研团队紧紧抓住断陷洼槽区勘探存在的科学问题，产、学、研、用联合攻关，逆向思维研究建立了断陷盆地洼槽聚油新理论：一是提出断陷盆地正向构造带与洼槽区的油气资源呈共生互补性分布，其比例系数为1：0.7～1：1.3，据此可以定量评价洼槽区资源勘探潜力；二是主洼槽控制油气的主要聚集，首次揭示了洼槽区具有形成岩性油藏的优势性机理并具有多种有利成藏模式；三是规模富集油气藏形成主要受生烃强度门限（100万吨／平方千米）、渗透性砂体临界规模（10平方千米）和油气运移主汇流通道的控制，据此标准提出了26个富集区带。以"优势性"、"主元富集"与"共生互补性"为核心的断陷"洼槽聚油"新理论系统回答了断陷洼槽区油气成藏、油气富集与资源分布的科学问题，提升了洼槽区的勘探价值，为断陷盆地油气勘探由以往的"定凹探隆（边）"拓展到"定洼探洼"，开展洼槽区的整体评价、实现"满凹勘探"奠定了理论基础，极大地推动了断陷油气勘探由正向构造带向洼槽区的战略转移，实现了油气储量规模达五千万到亿吨级的马西、肃宁、阿尔等多个洼槽区油气勘探的新突破、新发现，为华北油田原油产量走出谷底并持续回升发挥了重要作用。

【案例 46-2】

20 世纪 70～80 年代，"新生古储"碳酸盐岩潜山油气成藏理论指导勘探发现了以任丘油田为代表的一大批中浅层高产潜山大油田，年产油量最高达到 1707 万吨，创造了历史的辉煌。然而，20 世纪 80 年代中期以来，随着成藏条件相对简单、容易发现的中浅层大中型潜山油藏勘探步入了艰难时期，到 2004 年 20 年间少有发现。2005 年我们的科研团队，面对中浅层潜山油藏勘探程度高、发现难度大的现实，提出碳酸盐岩深潜山与潜山内幕油藏是深化勘探的有利方向，并针对其油气成藏与富集规律不清、已有勘探技术难以满足深化勘探需求的难题，系统开展了隐蔽型碳酸盐岩深潜山及潜山内幕成藏机理、成藏模式与勘探技术研究，取得三方面重要科技创新。

一是定量评价了隐蔽型碳酸盐岩潜山的剩余资源结构与资源潜力，通过成藏模拟实验首次揭示了潜山内幕油气成藏主要受潜山内幕储层的物性与输导体系（断裂或不整合）的输导性耦合控制，潜山内幕储层的物性和输导体系（断裂或不整合）的输导能力耦合控制了油气的运移路径、充注层位和聚集部位，明确了隐蔽型潜山油藏的勘探潜力与油气聚集分布特征；二是超越以往常规"新生古储"潜山成藏模式，创新建立了"古储古堵"、"红盖侧运"、"大山—峰聚"、"坡腹层状"、"火山岩下石炭系碳酸盐岩"等系列隐蔽型碳酸盐岩潜山成藏新模式，指明了潜山勘探的新方向；三是组织研发了碳酸盐岩深潜山及内幕三维地震精确成像技术、潜山油水界面定量荧光准确判别技术、深潜山个性化钻头优化快速钻井技术、潜山内幕多作业一体化高效测试技术等精细地震、钻井、录井、测试施工新工艺和技术，实现了深潜山及潜山内幕的精细、高效勘探。

创新成果应用，相继发现了长 3 等 10 个高产、高效隐蔽型潜山油藏，开辟了华北油田隐蔽型潜山油藏勘探新领域。其中，饶阳凹陷长洋淀深潜山钻探长 3 井日产油 518.40 立方米，为中国石油 2006 年单井最高产量；肃宁潜山构造带宁古 8X 井完井测试获得日产油 254.4 立方米、气 6331 立方米高产油气流，新增储量 1312 万吨，是华北油田近 30 年来单个潜山油藏储量的最大发现和最重要突破；孙虎潜山构造带钻探虎 16X 井单层测试日产油 1036 立方米，为中国石油 1985 年以来单井最高油产量，在久攻不克的老潜山实现了重大新突破；霸县凹陷文安潜山带风险探井文古 3 井寒武系内幕府君山组测试日产油 302.64 立方米、天然气 94643 立方米，打开了冀中潜山内幕勘探的新局面；二连盆地赛汉塔拉凹陷扎布构造带火山岩下内幕型石炭系碳酸盐岩潜山钻探赛 51 井日产油 226 立方米，是二连盆地勘探开发以来发现的最高产量，也是我国东部首次发现石炭系碳酸盐岩潜山油藏。

【案例 46-3】

斜坡带构造变形相对较弱，历经 30 余年勘探，构造油藏勘探程度高，多年勘探无新发现。如何在构造油藏勘探程度高的弱构造斜坡带开展精细勘探，继续发现新的规模石油储量，实现老油区的稳定发展，是摆在老区油气勘探面前的一项重大技术难题。我们科研团队转变思路，创新精细开展了弱构造斜坡带岩性油气藏勘探研究。

一是研发了针对地层岩性油藏特征的高密双谱宽方位各向异性三维地震精细采集处理技术，地震主频提高 10～15 赫兹，达到 35～40 赫兹，大幅度提高了三维地震资料品质，为精细地质研究奠定了资料基础；二是创新了斜坡带地层岩性圈闭精细识别技术，发现并精细落实了大量地层岩性圈闭，打破了弱构造区目标难以发现和落实的僵局；三是创新建立"超覆—剥蚀—尖灭复合"和"低隆—孤砂—优供烃组合"等斜坡带地层岩性油藏形成新模式，指明了弱构造区规模储量勘探新方向；四是集成创新了低渗透薄稠油层精细压裂新工艺，改变了以往压裂增水不增油的被动局面，单井日产油由以往压裂平均 4.1 吨提高到 12.7 吨，石油储量品位得到大幅提高。

创新成果 2007—2009 年在饶阳凹陷蠡县斜坡应用，探井成功率达 60.7%，较以往提高了 15 个百分点，新增三级石油储量超亿吨，实现了弱构造斜坡带油气勘探的规模发现。

作者简介：赵贤正，中国石油大港油田公司总经理，教授级高级工程师。金凤鸣，中国石油杭州地质研究院首席专家，教授级高级工程师。

【案例47】

"缝洞型碳酸盐岩油藏开发基础研究"的立项（李阳）

在十一五期间，开展国家973项目"缝洞型碳酸盐岩油藏开发基础研究"之前，研究人员对前人的研究成果进行充分的消化吸收。认为中国碳酸盐岩缝洞型油藏一般经历了多期构造运动、多期岩溶叠加改造、多期成藏等过程，形成了与古风化壳有关的复杂碳酸盐岩缝洞型油藏。缝洞型油藏储集介质一般为复合型介质，由溶洞、裂缝和溶孔组成，具有各向异性的特点，储集体连通性差、油水关系复杂、多种流动形式共存。

缝洞型油藏开发主要存在两个难点：一是缝洞发育和分布规律的认识难度大；二是对油藏流体流动规律认识不清。国内外在缝洞型油藏开发方面还没有形成成熟的开发理论和开发方法，导致开发水平低。如塔河油田采收率只有15%，不到碎屑岩的一半，钻井成功率只有80%（碎屑岩95%以上），产量年递减高达25%以上。俄罗斯库尤姆宾缝洞型油田探明储量27亿吨，20世纪70年代探明以来一直未能开采，碳酸盐岩缝洞型油藏开发基础研究属于当今世界前沿研究课题。与国外碳酸盐岩油藏特征相比，本项目主要研究的油藏类型为缝洞型碳酸盐岩油藏，具有层位老（中下奥陶）、埋藏深（5300米以下）、储集体分布复杂，开发难度大的特点。

要解决上述两个难点，提高碳酸盐岩缝洞型油藏开发水平，必须解决"海相碳酸盐岩缝洞型油藏储集体形成机制和海相碳酸盐岩缝洞型油藏流体动力学机理"这两个核心科学问题。

因此，提出了项目研究总体目标：揭示碳酸盐岩缝洞型油藏储集体形成机制、发育规律和演化机理；发展针对深层缝洞储集体的地球物理技术，揭示各向异性多相介质中地震波响应特征，建立缝洞储集体的识别和数学表征方法，提高地质模型的描述水平；发展与建立缝洞型油藏动力学理论，建立数值模拟方法和油藏工程分析方法；形成缝洞型油藏开发关键技术系列，实现油藏的高效开发。通过成果应用提高塔河油田试验区采收率 3～5 个百分点，形成一支在国际上具有影响力的研究团队，提交一批高水平的专利和学术论文，使我国在缝洞型油藏开发方面处于国际先进和领先水平。按照总体目标提出了以下六个子课题：碳酸盐岩缝洞系统模式及成因研究；碳酸盐岩缝洞型储集体地球物理描述；碳酸盐岩缝洞型油藏数学表征研究；碳酸盐岩缝洞型油藏流体流动机理研究；碳酸盐岩缝洞型油藏数值模拟研究；碳酸盐岩缝洞型油藏高效开发研究。

其中前三个课题围绕核心科学问题"海相碳酸盐岩缝洞型油藏储集体形成机制"开展工作，后三个课题则着重解决"海相碳酸盐岩缝洞型油藏流体动力学机理"的科学问题和实现缝洞型油藏的高效开发。

由于科学问题的正确把握，在"十一五"期间该项目取得了预期的研究成果，解决了塔河油田开发中的关键问题，为塔河油田快速上产提供了理论支持。

作者简介： 李阳，中国石油化工股份公司副总工程师，中国工程院院士，教授级高级工程师，博士生导师。

【案例 48】

硫化氢形成过程中的积极效应——否定前人结论就是科学的进步（张水昌）

20 世纪 70 年代国外学者首次提出 TSR（硫酸盐热化学还原反应）以来，多数学者将硫酸盐热化学还原反应的本质表述为烃类的消耗和非烃类（H_2S 和 CO_2）的生成，认为硫酸盐热化学还原反应对油藏主要起破坏作用、影响天然气的工业价值，对硫酸盐热化学还原反应一直是负面评价，在油气勘探中更多是在回避。我和朱光有博士等通过系列研究，发现硫酸盐热化学还原反应对原油裂解的发生具有驱动和催化作用，在形成 H_2S 的同时，也促使原油快速裂解和甲烷的大规模生成。通过黄金管封闭体系的热模拟实验，发现硫酸盐热化学还原反应明显促进原油裂解，导致天然气形成过程明显提前，甲烷产量倍增，建立了原油裂解成气的新模型，改变了传统认识，提高了对深层天然气的勘探潜力的认识。

通过大量的实验研究，发现硫酸盐热化学还原反应对碳酸盐岩储层具有明显的溶蚀改造作用，促进碳酸盐岩优质储层的形成。硫酸盐热化学还原反应的发生需要反应空间，而在发生热化学反应的过程中，对碳酸盐岩储层持续进行溶蚀和改造。这种酸性流体—岩石相互作用（水岩反应），促进了碳酸盐岩次生孔洞的发育和高孔高渗优质储集层的形成，并在实验室中证实了这一过程，从而提出碳酸盐岩深层存在一个由硫酸盐热化学还原反应作用形成的次生孔隙发育带，油气勘探深度下限会有较大幅度下移的认识，为深层油气勘探提供了重要依据，并被勘探所证实。这一发现修正了国际学术界认为的硫酸盐热化学还原反应对油气藏只是一个负面因素的传统认识。

作者简介：张水昌，中国石油勘探开发研究院石油地质实验研究中心主任，教授级高级工程师，博士生导师。

第三部分

苏义脑院士"32字创新方法口诀"和"技术创新"47例

一、"32 字创新方法口诀"

苏义脑院士把创新方法总结为 32 字口诀，很有新意。"寻找矛盾，打破平衡。转换视角，正反纵横。第一原理，分层否定。检讨双方，妥协折中。"

"寻找矛盾，打破平衡"，指看待一个系统，要有对立统一观点，因为任何问题，都是包含矛盾的，里面都有不同的矛盾侧面相互交织，对立依存，形成一个整体。要想发展一个技术——就要打破现状，建立新的东西——一定要在系统里寻找矛盾，确定哪一个方面是主要的，打破矛盾的一方，促成矛盾的转化，从而建立起新的系统。打破平衡就预示着发展。譬如说过去搞钻井，有钻头、有钻具，涡轮钻具配上牙轮钻头，这构成了一个技术系统。但里面是有矛盾的，涡轮转速太快，一分钟上千转，牙轮钻头转不了那么快，这个就出现了矛盾。要打破这个矛盾，破坏这个技术体系，提出新的东西，通常会有两条途径：一条途径就是淘汰钻具，把涡轮钻具淘汰掉，换成低速的钻具来适合牙轮钻头，于是螺杆钻具应运而生；另外一个途径就是改换钻头，研发新的钻头，不要牙轮，PDC 钻头、金刚石钻头就应运而生。这就是寻找矛盾，打破平衡的一个例子。

"转换视角，正反纵横"，当审视一个技术体系，无论作为一个技术问题来探讨，或者作为一个专业问题、作为一个行业问题来看的时候，都要从不同角度去看，要"转换视角，正反纵横"。正面看、反面看，纵向看、横向看，多角度看这个问题，启发思路，不要单一地从一个方面看。这样的例子可以举很多。

"第一原理，分层否定"，指做事情强调"第一原理"。第一原理就是当来了一个科研任务时或一个新东西提出时，首先不看资料，

第三部分　苏义脑院士"32字创新方法口诀"和"技术创新"47例

而是自己去想，自己去认识，认识完了以后再去看资料，看别人是怎么做的。这样，当看到资料的时候，不管看到多少资料，往往会保留自己原来的一些想法。如果什么问题都不去思考，拿到问题先去看人家的资料，看了那么多的专利、看了那么多的文献，到最后自己是六神无主没有想法，即使有也往往是模仿别人的，失去了自己思考的余地；

"分层否定"指一个科研问题拿来以后，有不同的级别、不同的层次，譬如说进行力学分析，建立的力学模型往往是有假设的，如果把这个力学模型的假设修改了，这个问题的模型实际上也就变了，模型修改说明否定的层次比较高。当然也有同样一个模型，别人是用特殊函数解的，而我们是用差分解，这是方法上的否定，这种否定比模型假设的修改要低一层次。否定的层次越高，将来的创新就越大。

"检讨双方，妥协折中"，搞工程的要解决实际问题，要把很多东西组合在一起形成一个实际的系统。但在实际的设计方案中，往往是要妥协的。什么叫"设计"？设计就是综合考虑多种因素，最终达成妥协。

二、"技术创新"47 例

【例 1】 冷热相分亦相连：从灯泡冷态电阻判断瓦数

这是苏义脑下乡当知青时，大队推荐他当电工碰到的问题。苏义脑高中毕业下乡，从来没学过交流电，当地农村要办交流电，找不到电工，最后找到他了，为什么啊，因为他会装晶体管收音机，干部说那里面不就有电嘛，所以就让他做这个事儿了。于是苏义脑就边干边学，买电杆，拉电线，安变压器，装配电盘，办加工厂，给老百姓家里装电灯。这时碰到了一个情况，要收电费，各家又没有电表，就规定电费按灯泡的瓦数来收。当时灯泡奇缺，有些农民就找来一些旧灯泡，时间久了字都模糊了，认不准是多少瓦数。有些人更贼，用砂纸把字打掉，100 瓦的灯泡愣说是 15 瓦的。后来苏义脑就想了一个办法，解决了这个问题。他学过电学的定律，电功率和电阻有关，15 瓦灯泡和 100 瓦灯泡的电阻绝对是不一样的，这是指接入电路工作时的热态电阻。但热态电阻肯定和冷态电阻有关，只要能掌握各种常用灯泡的冷态电阻值，就有了科学的判据。于是苏义脑用万能表量了一系列灯泡：15W、25W、40W、60W、100W、150W、300W 等的冷态电阻值，然后做成了一个数表，等到有争议的时候就把灯泡摘下来一量，落入这个档次就是多少瓦的。后来这个办法就被当地周围几个村的电工采用、推广。此事虽小，但有道理，热态电阻和冷态电阻的关系实际上就是温度升高的影响，物理书上讲过，苏义脑等于是转了个弯子来解决问题，这个思路对科研是有启发的。这是苏义脑未出茅庐时做的一件事儿。

第三部分　苏义脑院士"32字创新方法口诀"和"技术创新"47例

【例2】平方开罢开立方：从 $(a+b)^3=a^3+3a^2b+3ab^2+b^3$ 谈起

这是苏义脑高中毕业下乡以后，没多少事儿干，就想起来在中学学过开平方，那很容易，但开立方就没有方法，得查《四位数学用表》。后来苏义脑就想，能否不查《四位数学用表》来开立方呢？就开始琢磨这个事儿，后来他就从 $(a+b)^2=a^2+2ab+b^2$ 这个公式分析导出为什么开平方是这样的一种操作方法，典型分析，取得认识，总结套路，接着就把 $(a+b)^3=a^3+3a^2b+3ab^2+b^3$ 又进行组合演变，仿照这个思路就搞出了一个开立方的方法，很管用，这是书本上没有、老师也可能没想过的东西。说明过去学过的东西是可以灵活运用的，追求它就可以有所作为。

【例3】质量控制自动好：胀管器/过电流继电器

这是苏义脑从农村当知青抽调到工厂里当学员那期间做的一件事儿。那时候他在工厂里当铆工学员，1972年工厂接受了一个任务，做化工容器的热交换器，一个大罐子里面有很多密密麻麻的小管子，两端有筛孔板把这些小管子都给固定上，管内通热流体管外通水，水循环把热量带走，制造工艺要求进行胀管，不能漏，尤其是气体热交换要保证气密性。过去传统工艺是这么操作的：先拿一堆管子，找来一堆草包，点火烧一晚上，把管子端部加温退火，便于胀管。接着有几个工人，上面一台天车，吊着一个几十公斤重的马达，带着一个胀杆儿，插在管口上，配上几根细钢丝，通电转动进行胀管。这样功效很低，劳动强度很大，占用天车，几个人配合连去个厕所都不行，而且质量没有很好的保证，试水后常有报废和返工。老师傅就是这么教的，苏义脑跟着他们干，干着干着心里就有想法了。苏义脑想要是能用"自动控制"该多好啊，如果能把胀管的"质量"形成一个可标定的"指标"，那就好了。后来又想，既然用马达来胀，那么电流的大小就可作为胀管的一个标准，如果电流达到设立的上限值就断电，表明管就算胀好了。于是提出要搞一个技术革新，制作一台"半自动胀管器"，有一套电器控制装置；接下来设计制作工作装置，包括一个架子、两层钢板、三向轨道，而且又搞了一个配重，这样只要一个人就可以操作自如；第三是设计专用的胀管套，类似一个带有锥型辊子的轴承，克服了手工放置钢丝的危险操作。这三个部分组成了一台半自动胀管系统，省去了一台天车，4个人作业可变成1个人最多2个人，可大幅度降低劳动强度，最重要的是可实现质量的自动控制。这是苏义脑在工厂时从事的第一项技术革新。为什么一个学徒工会去干这个事儿？实际上还是有一定的必然性，因为苏义脑总想革新，在农村当过电工，自学过电工学、电子学和机械制图，看过有关自动控制方面的读物。就是这种方法和思路，对他后来的研究工作是有启发的，对于1988年苏义脑提出井眼轨迹自动控制研究方向实际上也有一定影响。

【例4】 掌握本质方法多：圆锥曲线的作图问题（多种）

下面以圆锥曲线的作图问题为例来说明。大家学过解析几何，涉及椭圆、圆、抛物线、双曲线，过去苏义脑做铆工展开的时候经常要从老师傅那儿去学做这些东西，很费劲。老师傅用的那个"垂直平分线"的画法都是从他自己的师傅那儿学来的，当然苏义脑有高中毕业的基础，又自学了一些大学课程，对他来说就好多了。后来苏义脑就琢磨这个曲线，除了书本介绍的、老师傅说过的以外，还有没有其他的办法。于是就从方程出发，根据椭圆、双曲线、抛物线的方程，研究了好多种方法，写出来形成一个小册子。这就说明对一个问题要多思索，掌握本质，方程是本质，曲线是表现，由方程画曲线，就可以出来很多的东西。

第三部分 苏义脑院士"32字创新方法口诀"和"技术创新"47例

【例5】对数螺线妙何在：对数螺线斗柄式装载机抛料质心轨迹为直线

这是苏义脑大学一年级时遇到的一个问题。苏义脑是工农兵学员，1973年经推荐和考试进入武汉钢铁学院矿山机械专业，读了三年书，觉得很有收获。苏义脑后来曾经说过，他那一段实际上是像研究生一样在读大学，经常是自己出题目，自己研究。因为课程对他来说不是问题，所以他就用不少的时间自己命题，自己研究。由于矿机专业是新建的专业，苏义脑那一届是第一届，专业课老师好多不是学矿机的，大部分是学冶金机械的，也有从矿山调来的。班上有一些同学是从矿山现场来的，就讲到有一种"斗柄式装载机"，听现场的技术人员讲过，其斗柄曲线是对数螺线。大一上学期末，刚讲完解析几何（还没讲高等数学），老师出题考试，考题中就有关于对数螺线的知识。苏义脑把题目做完后，就琢磨为什么斗柄式装载机的斗柄曲线要用对数螺线，有什么好处呢？问专业课老师，老师说不知道。苏义脑喜欢挑战，于是就琢磨，要解决这个问题需要从数学、力学和专业机械方面考虑，可是当时只是第一学期期末，尽管他自己学过高等数学，但是专业课和力学课还没有开始。为了解决这个问题，他用了7天时间，跑图书馆借力学、专业课教科书，快速翻，一边翻一边琢磨，把在农村学过的高等数学知识拿来用在对数螺线上，分析方法一一试用，不管后面有用没用统统来过一样不落。后来经过这么几天的展开工作，对于这个小题目，苏义脑做满了整整50页的一个笔记本，从里面最终发现了对数螺线斗柄抛料的质心轨迹是一条直线，而且抛料速度比较快，从而在一定程度上回答了专业课的这个疑难问题。提前浏览了力学（运动学、动力学）和一门专业课，这让苏义脑尝到了甜头，这是在大一的第一个学期。

【例6】 十字交叉再交叉：化学溶质/剂配比的"双十字交叉法"

"十字交叉再交叉"，是苏义脑上大学刚入学两个礼拜的事儿。那时候在复习化学，讲到溶液配比，溶质、溶剂各要多少，比如说配稀硫酸，要用多少浓硫酸再加多少水能配出多少质量的、一定比例的、一定浓度的稀硫酸。过去老师讲的都是中学书本上的比较经典的办法，列比例去算。苏义脑在下乡期间，从那时候不太正规的高中（五七高中）化学课本上看到了一种方法，叫"十字交叉法"，不用列比例式，画一个十字，填上相关数字，很容易求出溶质要几份，溶剂要几份，简单的加减乘除就算出来了。在大学的化学课作业中，苏义脑按经典做法做完后，又用上述的十字交叉法做，做完之后意犹未尽，因为这种方法只能求出份数而不能求出质量。于是他就做了个发展，在"十字交叉"后再接画一个"十"字，这样就能直接求出溶剂要多少克，溶质要多少克。这不是更能解决实际问题吗？所以苏义脑把它命名为"双十字交叉法"。没想到作业交上去后被化学老师大加赞扬，老师把"双十字交叉法"刻写油印，并加了评论按语，在校内印发给大家，说这是"学生的创新"，"谁说工农兵学员质量差"？

【例7】 应力叠加在端值：机械设计公式（单调、叠加问题）

这是苏义脑在大学做机械设计时，要计算一个轴的强度，老师说算出端值应力就行了，后来苏义脑就想这两个力矩叠加，会不会在中间出现问题呢？求的最大值不是在两边，如果两边一大一小，中间会不会发生最大值，这样会不会略掉一些东西，造成失误？后来苏义脑就进行分析，分析得出这种说法成立的条件是：当这两个力矩都是单调函数，单调叠加是可以的，这种情况下危险应力的最大值是发生在端值，这个就可以用了。这个例子是想说明，读书的时候要把它读细，碰到问题，要研究问题。对问题不是简单看一眼就过去，而是真正要去琢磨。

第三部分 苏义脑院士"32 字创新方法口诀"和"技术创新"47 例

【例8】 三个转角定性能：挖掘机参数的确定

这是苏义脑在大学毕业设计时碰到的事儿，设计 W260 全液压履带正铲式挖掘机。当时工作机构设计不是苏义脑的任务，他分管的是行走机构、减速器、液压系统还有一个总装配图。负责工作机构设计的小组用了很长时间，怎么也达不到要求的性能参数，铲斗转角总不满足所需度数范围。后来苏义脑就琢磨从数学上去解决这个问题。这个挖掘机工作机构实际上是像人的胳膊一样，三个铰链，一个大臂，一个小臂，一个手掌，手掌就像铲斗。最终要决定这个铲斗的转角范围，由于三个构件在交互作用，关系表面上比较复杂，所以不经分析，很难一下就能得出合理的设计。不归结于数学问题往往一下吃不透，后来苏义脑就分析这三者关系，最终写出一个公式，使设计工作有方法可循，协调其他参数，才把主参数合理确定下来。这个例子说明，工程的问题在一定程度上要用数学来解决，也就是现在常说的"建模"，只有这样才能达到要求。

【例9】 平板环隙亦相同：流体力学公式推导

1980 年，石油勘探开发科学研究院第一届研究生的《流体力学》课程考试，任课老师白家祉教授出的试卷中有这样一个题目：求活塞和油缸间渗漏量与压力的关系。也就是说，活塞和油缸中间有一定的间隙，在一定的压力下会发生渗漏，要求该压力下的渗漏量，或当渗漏量为某值时缝隙造成的压降值。正规的办法是要根据流体力学的基本规律建立微分方程，然后求解这个方程，大概做下来一般需要 40 分钟左右。在考场上做这样一个题目难度还是比较高的，当时苏义脑就想了一个"歪招"，用了两分钟就解出来了，事后得到白老师的大力肯定和赞赏。用的什么办法呢？大家都知道学流体力学时，一个典型的例子是"平板层流"，两个平板宽度是 b，长度是 l，中间缝隙是 h，在缝隙中通过流量 Q 时缝隙两端产生压力降 Δp，可求出 Q 和 Δp 的函数关系。这是课本上用经典方法求解的案例，形成了"平板层流"的经典公式。是公式当然就是可以运用的，于是苏义脑就动脑筋来了一个"过渡和演变"：设活塞和缸套的缝隙为 h，活塞的直径为 d，缸套直径为 D，设想用"剪刀"沿缸套和活塞的圆柱母线一剪，然后摊开成平面这就变成了"平板层流"模型。接下来只需要把参数一一对号求出，再代入"平板层流"的经典公式即可求解，而不需要再建立和求解微分方程，两分钟就导出来了。所以白老师就给了他最高分，这个方法可能出乎老先生的意料，他印象很深：1991 年苏义脑晋升教授时，白老师写给组织部门的推荐信中第一条就是"1980 年他在我为研究生开设的流体力学的课程考试中取得了全班第一的最高分数。"这个例子说明什么问题呢？说明看问题，不要把它看死了，科学的东西好多是贯通的，如果对平板流的理解比较深，对于活塞和油缸的理解也比较深的话，它们在这个问题上实际是一回事儿。所以在思路和认识方面要抓本质，经过巧妙变化，归结到经典问题上来，这一点对苏义脑后来的科研工作是很有意义的，也就是为什么苏义脑后来会提出"井下控制工程学"，用钻头的轨道控制和导弹、飞机、航天器的姿态控制相类比，这实际上都是一个思想，就是要抓住它们的本质，在这些方面是一回事。

【例 10】"会当凌绝顶，一览众山小"：井下控制工程学的提出

"会当凌绝顶，一览众山小"，这本是杜甫的两句诗，他登泰山没登成，在山边下走过去了，由此发出感叹。"会当"就是"应会，定要"，如果我到了山顶上，看到底下的群山就小了，后人引申为要站在高层次上看问题，抬高眼界，能把问题看得更清楚。大家都有体会，上小学时学比例问题，当时可能有困难，但当到了中学时学了代数，就会觉得小学的难题就根本不算困难了，这是由于已经升高了一个层次，站在高处往下面看，就看得更清楚，因为站得高了，眼界宽了。苏义脑于 1984 年考取博士，1988 年 5 月顺利通过博士论文答辩，

第三部分 苏义脑院士"32字创新方法口诀"和"技术创新"47例

研究方向是关于定向钻井的力学、井眼轨道预测和控制。由于苏义脑是国内油气钻井专业的第一批博士生,论文在钻井理论、技术方面做出了不少被专家认为是突出创新、突破的成果,受到答辩委员会的高度评价。尽管如此,苏义脑并未感到满足,相反认为,井眼轨道的预测和控制领域还有很多的研究工作要做,甚至从控制思路和方法上还可能会有新的突破,以至于产生新的研究方向。为什么会这样想?因为当时国内乃至于国际上,井眼轨道控制的基本思路都是从传统的井底钻具组合的力学分析出发,但已经成功应用于航空航天及其他诸多方面的工程控制论和自动控制的理论与技术,在钻井方面尚未涉及。《控制论》是美国40年代维纳提出来的,后来钱学森先生出版了专著《工程控制论》,推动了工程控制理论与技术的发展。七五期间,苏义脑参加了国家重点科技攻关项目,同时做博士论文的研究,因为攻关方向是井眼轨道控制,所以他就特别关注对控制理论的学习,读了钱学森先生的《工程控制论》。苏义脑开始想,钱学森先生能把维纳的《控制论》用于工程从而搞出了《工程控制论》,那么我能不能把钱先生的《工程控制论》用于钻井,搞一个"钻井工程控制论"?就是要把工程控制论的理念、观点和思路引到钻井里来,用先进的理论和方法作指导,以推动钻井技术的进步。这个思想的萌芽基于对钻井技术现状的认识和分析,基于苏义脑在博士期间所读过的相关书籍,也与长期以来养成的不断追求创新的想法有关。所以苏义脑就有意识在做博士后的时候选择了北京航空航天大学(简称北航),因为北航是国内在航天航空领域的最高学府。他在这儿打了一个"交叉",虽然国家对博士后研究提倡和鼓励学科交叉,但是这么大的交叉——上天和入地交叉——还是把北航博士后流动站的老师吓了一跳,其实从控制思路和特征方面它们本质上是一回事。为什么呢?我们知道,衡量井眼轨迹控制有三个参数:井斜角、方位角和工具面角,而航天器的姿态控制也有三个角,即俯仰角、偏舵角和翻滚角,而且是一一对应的。井斜角对应于俯仰角,方位角对应于偏舵角,工具面角对应于翻滚角,如果站在这个层面来看,那航天器姿态控制和钻井井眼轨迹控制是不是一回事?是一回事,航天要控制好三个角,钻井也要控制好三个角，航天是怎么控制的，钻井就学习和吸取航天的思想。但不是说你把它拿过来就能用到这儿了，这里面有很多很多的问题，需要自己解决，不过思路是可以互相借用的，因为本质相同。但是哪些地方不同呢？有很多不同，航空器是在空中飞行，火箭、航天飞机是在太空飞行，他对内部空间可能没有太苛刻的要求，天高任鸟飞，通信手段可以用无线电、GPS 定位，但钻井就不行，钻井井眼比较小，开表层可用一个 26 英寸钻头，但下面就要逐级缩小，就像拉杆天线倒着放，越来越小，到最后可能就不好找钻头了；再者，地下用无线电通信不行，在一定深度上要失效，更不用说 GPS 定位；还有，人不能直接参与井底的控制，不像煤矿和金属矿，作业者能下到井底巷道去。人不能直接参与，要控制就要进行遥控或者自动控制。因为井眼小，设计工具要受限制，钻井多年来最头疼的就是径向尺寸，苏义脑把井下工具叫"圆珠笔模拟"，细长杆，一个外筒，里头一个芯子，还有弹簧，一层一层嵌套，把皮都给扒光了，长度上不害怕，轴向长度可以放宽，但是径向尺寸太苛刻，这又是一个难点；再一个是高温，可能达 200 多度，温度高了电子元器件都不好找；高压可能上百兆帕；还有强振和强冲击，例如地质导向、MWD，要求抗振指标是在半波正弦的条件下能抵抗 20 倍的重力加速度，近钻头地质导向系统现在用的是抗冲击 1000g 的晶体；还有腐蚀，要在钻井液中工作；还有重载，一拉就是几百吨的力，等等，这些都导致了很多学过的东西用不到钻井上来。比如把地面用的导杆机构用到井下试一试，行不行？肯定不行，因为没地方布置。钻井的特殊情况决定了不能把其他学科的东西照搬过来，而是要自己去琢磨，自己去研究新的东西，原理可能是相同的，但具体结构绝对不一样。苏义脑设计的井下自动调整角度的可调弯壳体，画出来以后把自己都吓了一跳，因为那种调角的方式，他大学没有学过，画在图纸上自己都不放心，赶快用《机械原理》的"机构活动度"公式来算一下，才把心放下，现在命名为"双球铰导杆机构"。很多东西都是要靠自己的再创造。在此基础上苏义脑提出了"井下控制工程学"的概念及"以井下为对象，以控制为目标，以力学（井下系统动力学）为基础，以机械为主体，以流体为介质，以计算机为手段，以实验为依托。"的学科特征，为建设和推进"井下控制工程学"做出了很大贡献。

【例 11】 大小造斜皆需要：由弯接头到弯壳体

"大小造斜皆需要"，就是说做科研的时候要有一定的洞察力和预见性。苏义脑做硕士时研究方向是螺杆钻具，是国内第一台螺杆钻具研制的参加者。1979 年到 1982 年，石油勘探开发研究院机械所的同志碰到钻井的问题都要去问钻井所，当时就碰到了一个算造斜率的问题。螺杆钻具上边装一个弯接头，那时候生怕造斜率高了，能够每 10 米 1 度以内比较好，有一个限制。那时候苏义脑曾经和导师谢竹庄教授讨论过这个事儿："现在我们生怕造斜率高了，没准儿今后还会希望越高越好。"当时曾做了这样一个设想，如果真是需要这样，怎么做才能有效地增加造斜率？那就只有在万向轴壳体上打主意，设置弯角。后来果然验证了，1984 年谢老师到美国去，看到了美国的克里斯坦森公司在研发弯壳体螺杆钻具，因为国外水平井发展起来了。我们现在知道要钻中曲率水平井，要求每 30 米 8 度到 20 度的造斜率；钻短半径水平井，希望能够达到每米 3 度到 5 度，甚至钻超短半径水平井，就希望造斜率越大越好。事情是有两个方面的，往往做工作的时候只考虑了一个方面，但是绝不要忘记还有另外一个方面，而这个方面可能就是下一次发展的开端。在做科研的时候一定要把思路放得宽一点，不要被惯性思维所禁锢。

【例 12】 弯角连续有曲梁：$\Delta\theta$ 的连续性推广

这是苏义脑在做博士论文时解决的一个问题。白家祉老师提出了计算井底钻井组合受力与变形的"纵横弯曲法"，那是针对转盘钻钻具组合，提出若干假设条件，其中有：钻具组合上不存在弯角；两稳定器之间是同规格的管材。而苏义脑要做的课题是井下动力钻具组合，要造斜就必须加装弯接头，这就产生了弯角，而且动力钻具是由几段结构完全不同的部件轴向连接形成的一个工具，并不满足"同规格管材"的假设条件，这样就不能用纵横弯曲法来进行分析。反之，若要用纵横弯曲法，则必须从理论上把该方法加以扩展。纵横弯曲法中应用的力学连续条件，是截面的两侧转角大小相等、方向相反，但用到动力钻具这个组合上就不行，因为有弯接头的结构弯角存在，明显差一个值。后来苏义脑就从理论上提出一个"连续条件的推广"，即"截面两侧转角的增量大小相等、方向相反"，而不是指转角值，是转角的变化连续，实际上等于求了一次微分，把那个常量给排除了，这样一来就导出了一个新的公理，只要认为这个公理成立，那用这个方法就是合理的，这样就突破了转角值连续的限制。于是苏义脑就搞出了两种处理方法，而且证明了这两种方法是等效的。从数学证明它们等效之后他才敢用。碰到疑难问题就要研究。什么叫研究？研究就是利用已有的知识去解决未知的问题。

【例 13】攻下一般解特殊：地层力 Merphey–Cheatham 公式

1986 年，苏义脑在博士论文中要研究地层造斜力，过去国内很少人做这个事儿，也是一个难题。国外有一个莫菲（Merphey）公式，是针对自然造斜力的直井做了一个力学模型，提出一种方法。苏义脑在分析这种方法时，觉得这种构思挺好挺巧妙，但是有几个问题还值得探讨，其中最主要的就是这种构思把钻头当作各向同性的，即钻头在任一方向上的切削效果都一样，但是钻头的底面和帮子上的齿，它们的切削能力是一样的吗？不一样！于是苏义脑提出了"钻头各向异性"的假设和表示方法；同时还提出了"地层各向异性"的假设和表示方法；再一点，Merphey–Cheatham 公式是对直井而言的，苏义脑是针对井斜角为任一角度的定向井，概念、方法、范围都要加以扩展，最后推导出来一个广义的公式，比 Merphey–Cheatham 公式更接近实际，如果不考虑各向异性的影响而回到 Merphey-Cheatham 公式的前提假设条件，最终推出的结果就是 Merphey-Cheatham 公式，这样就把 Merphey-Cheatham 公式变成了一个特例。这就叫"攻下一般解特殊"，达到了理论的扩展。

【例 14】 自动调节稳特性：中空螺杆的稳流阀 空气螺杆限速阀

1992 年到 1994 年在钻大庆第二口水平井时，由于考虑返屑速度，要用大排量，但螺杆钻具本身的额定排量不允许这么高，否则就会超速，导致不正常运转，甚至钻具损坏。于是从国外引进来一种"中空螺杆钻具"，转子打一个通孔，实现钻井液排量分流。在该技术应用前，当时苏义脑就预见到这样一来螺杆钻具在这方面的问题是解决了，但会失去机械硬特性，牺牲了这一突出的优点。因为有了这个中间通孔，钻具增加了钻井液的旁路，螺杆钻具是容积式机械，当增加钻压时，中间通孔过流就会加大，而流过马达的排量就会减少，导致马达转速下降，甚至停转。当时是从理论上预见到了这个问题，后来真正在钻井时果然现场反映"这个钻具没劲儿"。证实了理论分析，于是苏义脑就想了一个办法：在转子中孔上端安装一个专门研制的调节阀，命名为"稳流阀"，可以进行自动控制使通过中孔的流量保持基本不变。这样就使得钻压发生变化时而通过马达的流量也基本稳定到额定排量，从而保证了马达转速稳定，既满足大排量钻井携屑的工艺要求，又满足了马达的正常工作，在很大程度上保留了马达的机械硬特性。这个稳流阀实现了马达排量的动态调整与稳定，形成了一个专利技术。苏义脑 2001 年研制空气螺杆时，因分析到把空气螺杆从井底提起时会发生飞车现象容易导致损坏，所以就研制了一个原理相似的调节阀，命名为"限速阀"，从而克服了飞车现象，达到控制的目的。

【例 15】 种豆得瓜亦平常：地层倾角方程的完善

有一个俗语叫"种瓜得瓜，种豆得豆"。其实现实生活中往往有"种豆得瓜"的事，尤其是在充满探索性的科研工作中，"歪打正着"，原来想做成的事儿没有实现，结果却做成了另外一件事儿，就是说"奔着目标 A 去，最后在 B 处取得成功"。在科学发现史上这种例子不少，譬如说刘安发明豆腐。据说汉武帝的叔叔淮南王刘安，本想延年益寿，召集一群方士炼丹，没想到丹没炼成，却做出了豆腐，这也算是给人类社会的一大贡献。这样的例子并不值得奇怪，包括苏义脑研究的"地层倾角方程"。那是 1987 年苏义脑在誊写博士论文草稿时，抄到"地层力"一节，这是他论文的核心创新内容之一，其中有一个验证地层力理论的例子，用以解释钻井中的一个现象："地层倾角在 45°以内时钻头是爬上坡的，即向地层的上倾方向偏斜；当地层倾角大于 60°时钻头是溜下坡的，即沿地层倾角层面下滑；而当地层倾角位于 45°到 60°之间时说不清楚，即可能向上也可能向下偏斜。"国内国外文献上几十年来都有这个经验说法。因为苏义脑搞了地层力专门研究，就想用他搞出来的这套理论来解释这个说法，所以论文草稿中就设了这个例子。草稿中已经成功地做出了解释，初稿已经完成，但就在抄到这块儿的时候，他突然萌发出一个想法：能不能再往深的地方做一做，现场经验不是说"45°到 60°之间说不清楚"吗？苏义脑尽量不允许说不清楚，要努力去定量地说清楚。于是他就中止抄写，用了三天时间，就针对这个问题继续进行研究，得到了一个"临界地层倾角"的新概念和一个"临界地层倾角方程"，用此可以比较合理、定量解释了这个问题：当实际地层倾角小于临界地层倾角时，钻头沿上倾钻进；当实际地层倾角大于临界地层倾角时，钻头沿下倾钻进；当实际地层倾角等于临界地层倾角时，钻头保持原方向钻进；并进一步从理论上严格证明了临界地层倾角值大于 45°，且受钻头各向异性和地层各向异性的影响，临界地层倾角值一般分布在 45°~60°之间，也有个别超过 60°的，可针对具体情况算出对应的临界地层倾角值。若地层倾

第三部分　苏义脑院士"32字创新方法口诀"和"技术创新"47例

角不超过45°，钻头绝对向上倾偏斜；若临界地层倾角是48°，则实际地层倾角为47°时也照样向上倾偏斜；若临界地层倾角是65°，那么实际地层倾角为64°也不会向下倾偏斜。这样就从理论上解决了这个问题。这一点是原本没有想到的，后来做出的结果。

【例16】 粗细分流改流程：五箩磨的改进

再说一件苏义脑在农村当电工时做过的事儿。当时什么活儿都干，电工也干，机修也干，那时候大队办了一个面粉加工厂，用电磨磨麦子，面粉要经过五层箩才能从下出口出来。第二、第三遍出粉率最高，走五层箩是合理的，但第一遍是粗碎的过程，出来的面粉比较少，第四、五遍出粉率又变低，如果这时还都要让麦麸和面粉走过五层箩，当然是效率很低，这就不合理。于是苏义脑就想了一个改进方案：在机器的原结构和流程中增设一个旁路通道和控制闸板，操作工关上闸板，就关闭了旁路，依然走原来的五层流程，这适合于第二、第三遍；如果打开闸板，则打开了旁路，那么麦麸只需经过两层箩就直接排出。苏义脑画成图，找了一个有经验的木工，一起完成了这一技术革新。事实证明很成功，省时间、省人力、省电力，颇受欢迎。这件事是针对问题，具体分析，找到原流程的弊端加以改进，并不复杂，但想法和过程对研究工作还是有所启迪的。

【例17】 欲揭本质靠解析：《机械原理》从图解法到解析法

1975年苏义脑上大三，做《机械原理》课程大作业，题目是"颚式破碎机的机构分析"，每个学生一个大图版，一张0号图纸，圆规三角板丁字尺，用整整两天去画图。大家知道学《机械原理》要做图，20世纪80年代以前都是图解法，到现在很多还有用图解法。当时要把电动机曲柄圆等分若干点，依次确定中间的连杆、导杆机构的运动轨迹，最终描出破碎机上颚板的位置轨迹图，从而评价机构性能，工作量很大。苏义脑用老师教的方法完成了全图，但发现美中有不足：一是画图误差大，铅笔点下去很不精确；二是只能画出几个工位，很可能漏掉了一些特征点，而它们在特性分析中恰恰是至为关键的。那么应该怎么办？最好是用解析法，但当时没有电脑，所以苏义脑列出了机构的运动方程，只能求解部分点，作为验证和补充。苏义脑把完成的作业交给老师，并就搞解析法的想法加以请教，得到充分肯定。后来这位老师以优秀的教学成果被评为"湖北省高校十大教学名师"，他率先研究和编著了全国第一部全解析法的《机械原理》教程，他教的课程被评为全国《机械原理》这方面的精品课程。他对苏义脑说："搞这个东西是从你那儿受到的启发。"现在有计算机了，可以很快去计算和做图，解析法教学和电子课件就应运而生，时代进步促进了教学创新。

【例 18】 一图能变千图来：机器绘图的梦想

　　1972 年苏义脑在化工矿山机械厂当铆工学员，经常做钢结构工件，需要进行钣金展开和放样，譬如弯头，各种不同直径或不同角度的弯头，其实展开方法是一回事，但角度或尺寸一变就得重新放样，非常烦琐，效率低。他后来就想，能否研究出一样东西，把同类的图纸、同样的方法存进去，直径、角度这些常变的参数待定，当需要某种直径或角度，往里一输，就能出来需要的展开图，该有多好！那时候是 20 世纪 70 年代初期，不知道有计算机和绘图机这个概念。直到 1979 年苏义脑上了研究生，才知道当初的梦想会变成现实，梦想中的那个"方法"就是"软件"！现在把它做出来是轻而易举的小事。苏义脑当时有这种想法，说明他是一个非常有想象力的人，正如爱因斯坦的名言："想象力比知识更重要，因为知识是有限的，而想象力是无限的。"

第三部分 苏义脑院士"32字创新方法口诀"和"技术创新"47例

【例19】 剪板对正靠光学：剪板对准器的发明

  1973年苏义脑在工厂时，因为铆工经常要剪大钢板，剪起来很费劲，虽然后来有了剪板机省了不少劲儿，但效率并不很高，因为需要一组工人配合工作：首先要在厚的大钢板上划线，再由几个人抬到剪板机上，把划线对准刀口，然后踩动开关，最终剪成一条一条的钢板。对准刀口是一件很难的操作，需要一个工人专门负责，在剪床一端蹲在地上，像射击一样闭着一只眼睛，摆手指挥剪床正面的抬着钢板的几个人来调整钢板位置，合适后就踩开关，咔嚓一声剪下来。后来做了一个专用的碌子床，解决了几个人抬和调整位置的劳动强度，但瞄准问题没有解决，废品时有发生，因为时间一长瞄不准，再者调整钢板与踩开关不是由一个人完成，而且在剪床正面根本无法看准。苏义脑就想找一个瞄准的办法来改进一下，于是就想到应用光学原理来对准，找来铁皮做了一个盒子，盒子内装有一面小镜子，可以通过简单机构在盒子外用螺丝调整镜子的角度，然后把盒子固定在剪床的正面大梁上。盒子一面留有投射光线和视线的空口，只要拧螺丝调整好剪床切口位置然后固定，正面的操作者就可以从镜子中看到钢板上的划线与剪床切口线是否重合，只要重合就可以踩下开关。这样一个人就可以完成瞄准、调整和实施剪切的工作，可显著提高合格率，又大大减少了操作人数。

【例20】 运用"等效"破难题：螺杆钻具的等效钻铤假设，BHA大变形的等效方程解法

  讲两个运用"等效"方法解决难题的例子，主要是指当将实际工程问题抽象简化为力学或数学模型时，碰到用现有的力学、数学知识无法求解，就运用"等效"的思想，将其转化为可解的问题，迂回求解。第一个例子：苏义脑1985年在做博士论文研究时，遇到要把"纵横弯曲法"发展到可求解带弯接头的井下动力钻具组合的受力与变形分析。

当时，尚未见到国内外文献报道用力学方法分析过这类组合，因此有一定的难度。而苏义脑又想用导师白家祉教授提出的"纵横弯曲法"，以求扩大其应用领域。一开始就遇到难题，如前所说，纵横弯曲法是针对转盘钻钻具组合提出的，假设条件中有：钻具组合上不存在弯角；两稳定器之间是同规格的管材。带弯接头的井下动力钻具组合有三点明显不能应用这种方法：一是组合带有弯角；二是动力钻具是由几段结构完全不同的部件轴向连接形成的一个工具，并不满足"同规格管材"的假设条件；三是动力钻具组合具有转盘钻组合所没有的工具面，这样就导致一维井眼中的分析往往具有二维或三维性质。这样就不能简单套用经典的纵横弯曲法来进行分析，必须进行三点扩展：一是处理弯角，前面已经讲过；二是建立了三维（含一、二维）的普遍方程，解决了各种工况下的维数问题；三是下面要讲的用"力学等效"方法，对原来的"同规格管材"的假设条件进行扩展。首先苏义脑提出一个"等效钻铤"的概念，把实际的动力钻具组合视为一个和它具有相同外径、相同长度和相同抗弯刚度的钻铤，然后通过设计的力学实验，测量出实际的动力钻具组合的总体抗弯刚度，由此反算求得"等效钻铤"的抗弯截面模量和内径。这样处理后，就完全满足了纵横弯曲法的要求，从而把该方法发展到井下动力钻具组合的受力与变形分析，解决了定向井井眼轨道控制的一个基础性问题。第二个例子：1991年在国家八五重点科技项目"石油水平井钻井成套技术"攻关中，需要对井下钻具组合进行大变形（大挠度）力学分析，可用的方法不止一种，如有限元法等。但为了把中国人提出的被称为"四种具有国际代表性的方法之一"的"纵横弯曲法"发扬光大，在完成有限元法分析之后，苏义脑决定来解决这个难题。问题的关键在于在曲率较大的井段中，力学分析必须采用精确曲率公式，因此方程变成了非线性的微分方程，完全不同于经典的纵横弯曲法中采用简化曲率公式推出的线性微分方程。大家都知道，非线性微分方程并不是都可解的，查遍《数学手册》找不到解法，于是苏义脑决定用"等效转化法"试解，难点在于突破"非线性"。从大变形分析导出的方程中含有曲率带来的非线性因子，把它用 A 代表，比对原来的线性微分方程，在右端的力矩 M 前多出个

A 因子。如能把因子 A 数量化，它不就变成了线性微分方程吗？于是问题又转化为解决因子 A 数量化的问题。通过建立计算模型，可求出各种曲率时对应的 A 值，做成数表和数组。再进一步分析，因子 A 相当于把力学载荷放大了 A 倍，那么在求解钻具组合的大变形问题时，只需要把实际力学载荷预先放大 A 倍作为"等效载荷"，代入原来的纵横弯曲法线性方程就可求解了。由此把经典的纵横弯曲法进一步发展到钻具组合的大变形分析。这实际上是通过"等效"思想解决难题，从而绕开了到现在还无法求解的数学难题，在力学上，在工程上，这种方法行之有效，如弹塑性力学中的一些案例，尽管理论上不一定特别严密。

【例 21】 系统观点应发展：螺杆钻具与涡轮钻具

螺杆钻具和涡轮钻具孰好孰坏？答案是不能轻易下结论。20 世纪 50 年代，我国钻定向井用的是苏联的办法，苏联是涡轮钻具占 80% 以上的国家。涡轮钻具有很多缺点：用牙轮钻头配涡轮钻具，转速高达每分钟上千转，容易掉牙轮，造成事故，此其一；长度太长，十几米到几十米，几百级涡轮，上面装弯接头，中间部位无法形成弯角，造斜率太低，此其二；力矩小，特性软，容易压死，此其三；消耗压降太大，空转与钻进一样，增加循环系统负担，此其四，等等。从某种意义上说，最主要的是它和牙轮钻头不匹配，转速高、力矩小。于是低转速、大扭矩、短尺寸和硬特性的螺杆钻具应运而生。在技术发展过程中，物竞天择、适者生存，同样是铁的定律，在这里，"天择"就是人择，用螺杆钻具取代涡轮钻具，是钻井技术的创新和进步，极大地推动了定向钻井技术的发展，有目共睹，这是毫无疑义的。但是，从系统的观点和全局的观点来看，这次技术进步只是两个可选方案中的一个，就是保留牙轮钻头而改变钻具；因为钻头和钻具共同构成钻具组合，它们是一个系统的两个组成部分，一分为二，对立统一，那么肯定还有第二种方案，即保留涡轮钻具而改变钻头。这并非只是一种哲学认识，在技术分析层面也是如此：如果要改革钻头，使之不再有掉牙轮的可能，此时涡轮的高钻速就成了优点，因为钻速方程表明提高转速可以大幅度提高机械钻速，这是好事。所以金刚石钻头、PDC 钻头应运而生，在一定程度上把涡轮钻具请了回来。这又是钻井技术的一次创新和进步。至此，完成了两个侧面、两种方案的第一轮技术进步。第二轮技术进步是涡轮钻具与螺杆钻具各自要克服自身的不足，自我发展完善。例如，涡轮钻具要克服高转速小扭矩的缺点，于是产生了低速、大扭矩涡轮钻具；要克服工具太长、弯点太远、造斜率低的缺点，促进了短涡轮和弯涡轮的开发；涡轮自身不带橡胶件，成为它能耐高温、用于深井优于螺杆的优点，因此有用武之地。而螺杆钻具，由于马达定子橡胶不能耐高温或高温特性差，所以促进了研制高温橡胶和高温螺杆钻具产品的发展。任何技术都是在应用需求的驱动下不断克服自身缺点走向完善和成熟的，所以看待技术问题和做方案决策时，一定要有系统的、全局的、发展的观点，任何轻易的肯定和否定都是不合适的。后来苏义脑把这种观点或思路总结为简单的四个字"趋反求全"，即矛盾的双方都是在向对立方学习其优点的过程中克服自身缺点而发展完善，最终达到"第一原理"所要求的"理想境界"。这应是科学研究和技术开发中的一个普遍规律。

【例 22】 层层深入来抽象：用虚位移原理求马达转子轴向力

"层层深入来抽象"，就是当遇到一个工程问题，经常需要把工程问题化为一个技术问题，把技术问题归结为科学问题，再把科学问题归结为数学问题，通过步步抽象层层深入才能抓住本质，所以就工程部门、产业部门而言，工程、技术问题这一块基本对应着国家科技支撑计划（过去的科技攻关）和国家高技术研究计划（863），科学问题这一块基本对应着国家基础研究计划（973）。如果一个科学问题最终能够表达为数学问题并得到解决，那么它的发展就比较完备了。

1980 年，苏义脑参加国内第一台螺杆钻具研制课题，遇到要确定螺杆马达的转子轴向力这一问题。螺杆马达在工作时，由于进出口两端的压差，会产生向下的轴向力，因此需要由转子下端的万向轴对其进行约束，这个约束反力是设计万向轴的重要参数。查文献只有前苏联的研究者做过实验研究，过于具体而缺乏普适性，因此从理论上解决这个问题就显得十分必要。苏义脑把这个工程问题经简化变为技术问题，建立力学模型，转化为科学问题，最终用力学的虚位移原理推导出了计算公式，定量地解决了这个问题。这个算式具有广义性，在螺杆马达的理论中是一个重要算式。

【例 23】 能量方法有大用：圆柱弹簧轴向弯曲的广义公式

1980 年苏义脑做硕士论文时，要设计一个新型万向轴，碰到要计算圆柱弹簧的轴向弯曲问题，即要定量确定在弹簧两端施加一定的力偶矩时，弹簧轴向发生弯曲将会产生多大的夹角；反之，给定该弹簧挠性指标即要产生的弯曲夹角，问需要施加多大的力偶矩。当时苏义脑查了很多力学书籍和相关手册，找不着有关的计算公式。而且他设计的这个弹簧还很特殊，是用一根圆管在中间较长部位车成螺旋线，截面是矩形，一开始不知道该怎么计算，如果不突破这个难关，后续工作就陷于停顿。当时导师谢竹庄教授也很着急，找苏义脑讨论这个问题。他想了一个办法，写了 4 页纸，用的是机械设计中有关弹簧的一般算法，但最后仍然有些问题无法解决。苏义脑意识到用一般方法可能是不行的，必须另辟蹊径。这天吃晚饭时，苏义脑突然想到了能量法，因为给弹簧两端施加力偶矩时，就要做功，弹簧发生轴向弯曲产生变形能，功能相等可列出方程。于是放下饭碗立即进行推导，很快就得出了结果。推出的计算公式是广义公式，无论是什么截面，如圆形、矩形、工字形、三角形截面，均适用。这是前人没有的公式。第二天苏义脑向谢老师汇报，谢老师看后非常高兴，开玩笑说："你用这个办法是理科人用的办法，我们工科的人不敢用。"对苏义脑进行鼓励。接下来万向轴设计进展顺利，加工、装配、室内台架实验效果都很好，而且在现场钻井中也有满意的结果，所以苏义脑把这一计算公式写进了硕士论文。但是当论文基本完成时，1982年4月，有一天他到高教书店去看书，无意中发现一本清华大学郑兆昌教授编写的《机械振动》，一翻看到了一个圆柱圆截面弹簧的轴向弯曲公式，而且该公式形式和他过去推导的广义公式大相径庭！他当时很紧张，压力很大，立即买了一本，赶快回去看，晚饭都没心思吃。苏义脑一边吃饭一边想，构思解决的办法，饭怎么吃的也不知道，后来灵机一动想出了一个办法：运用自己的广义公式，把圆柱弹簧簧丝的圆截面EI值代进去，看能不能推导到郑教授书上的这个特殊形式。如果能推到就证明广义公式是对的，要推不到也可能广义公式是错的。苏义脑立马动手就做，不到十分钟就推出来，结果跟书上一模一样。这就证明这本书上的这个公式是广义公式的一个特例，广义公式成立。

【例24】 逆向思维能突破：短幅摆线与椭圆积分

当初苏义脑做硕士论文，研究螺杆马达线型的理论问题。这是原来定下的第一个课题，但是在油田调研时发现进口单头螺杆钻具的万向轴有几例破断，这个课题只好停住，转向研究万向轴破坏机理分析和新型万向轴研制，这是科研和生产的急需。同时苏义脑还忘不了要做螺杆马达线型的理论问题，于是就在万向轴的加工期间，攻下了线型理论课题，结果在一年半内完成了两篇硕士论文，提交答辩。刚开始做线型问题时苏义脑问导师做到什么程度算是有成果，谢竹庄老师说短幅摆线的面积、弧长现在都无法计算，还没人能算出来，你要把它们算出来就是成果，苏义脑听了以后很高兴，认为不难。谁知事情并不像他所想的那样，难度确实非常大。最初整理资料一天可以写9页材料，但是做到计算面积和弧长时竟然三天没写一个字，做不下去。这里要用积分计算弧长，苏义脑把过去所掌握的积分方法一一试用，把《数学手册》翻过来、覆过去地查看，仍然不能解决。用分部积分法，好不容易前面解决了一个积分后面又来一个积分，无穷无尽，折

第三部分 苏义脑院士"32字创新方法口诀"和"技术创新"47例

腾了好几天没有结果,很伤神,精神压力很大,因为解决不了这件事,后续工作根本无法进展。这天夜里苏义脑躺在床上睡不着觉,翻来覆去地冥思苦想,突然在凌晨三、四点钟来了灵感,想起在高等数学里学过近似计算方法,学过泰勒级数和马克劳林级数展开,要是能把这个几天还没解决的积分问题展开成级数,证明它是收敛的,然后证明取几项后的截断余项误差小于5%,那么工程上就可以应用了,后续的研究与设计工作就可以向下进行。于是第二天一早苏义脑就很快地把这个积分展开成马克劳林级数,并证明了它的收敛性,取前三项,又证出截断误差不超过4%。这真是重大进展,太令人高兴了!这个难关攻克后研究工作就往前大大跨了一步。此后又接连攻克了几个难关,取得了突破性的研究成果。后来这一篇硕士论文初稿都写成了,苏义脑仍然记挂着那件事,一直不甘心,总想为什么那个积分怎么就一直积不出来呢?这样想着想着突然逆向思维就来了——是不是不可积分啊,如果本来就不可积那怎么也积不出来!于是思维转向"不可积",就着手证明它不可积分,结果用换元法经几次换元,就证出这是个"第二类椭圆积分",是数学上经典的不可积分!有了这个结果,苏义脑马上跑到高教书店去买了一本"椭圆积分表",用的时候就查表,填到数组里去就可以进行计算了,不用再做级数计算。后来苏义脑又悟出来这个椭圆积分表是怎么出来的了——实际上前人也是用那个马克劳林级数展开进行近似计算形成的。有了这个认识,随着后来计算机的普及,苏义脑就不查《椭圆积分表》填数组了,干脆编一段小程序让计算机求值再赋给数组,促进了设计计算的现代化。这个例子可以给我们几点启发:一是解决难题时,用常规方法从正面久攻不下,就要从侧面迂回攻击,就像当初求解积分求不出改用级数近似求解一样;二是必要时采用逆向思维,就像证明它本来属不可积分类型一样,逆向思维是科学研究中的重要方法;三是对一个问题要追根求源,不要浅尝辄止,往往会得到新的意想不到的结果,就像证明了它是椭圆积分,从而使后来的计算更快捷一样。再进一步扩展,从哲学层面、从思想方法的层面看,科研和打仗是一回事,毛泽东就是运用"逆向思维"的大师;如果进一步总结经验,当最初面对一个问题时,我们就应该有意识地预先估计到有多种思路、方法和可能性，能有意识地进行转换，其关键在于要有全面的、系统的观点和思想方法。

【例25】 切莫轻率下结论：柯尼希定理推广

1974年苏义脑在大学学习《理论力学》课程，老师讲了一个定理——柯尼西定理，就是说"一个质点系的动能可以写成两项和的形式，即以质心为参考点的平动动能加上转动动能之和"。课后留有1个习题，是计算坦克履带板的动能。履带板包在几个驱动轮上，关键是要正确求出两端的半圆弧板的动能，难点在于求半圆弧板的质心，它不在弧的中点，更不是圆心，这是概念问题。其实解题并不复杂。那是一个星期六晚上，苏义脑在宿舍里做完习题去教室，见不少同学在激烈争论，他一去大家让他评判谁是谁非，那时候苏义脑是班里的学习委员。原来是一个同学错把圆心当作半圆弧板的质心，数学科代表就说他是概念性错误，他不服气，说我求出的结果跟你们一模一样，吵得不亦乐乎。苏义脑想了想说："理论上按照老师讲的方法看是你不对，但是结果这么吻合，不一定就是巧合，不能轻易下结论，我想一下再告诉你们。"决定要把这个事儿弄个究竟。当天晚上回宿舍后就开始推导，先从普遍情况出发，质点系动能一般由三项和组成，即对任意指定的参考点，总的动能是由其为参考点的平动动能、转动动能和第三项相加构成，而这个第三项包含平动速度矢量和转动速度矢量的点乘积。由于质心的特殊性，这个第三项中的两个矢量正好垂直，因此第三项为0，所以柯尼西定量就成了两项和的形式。于是苏义脑就提出了一个问题：除了质心以外，还有没有其他点也满足两项和的条件？接下来问题的提法变成了寻找满足两项和形式的其他点。该怎么寻找？最直接的办法就是令第三项等于0，解析求解。晚上搞到1点钟也没结果，只好作罢。第二天上午继续攻，仍无结果，但不肯放弃，反而劲头更足。因为从分析中知道，柯尼西定理是特殊情况，瞬心更是特殊情况，因为对于瞬心，三项和变成了一项，它更是柯尼西定理的特例！午饭后，

第三部分　苏义脑院士"32字创新方法口诀"和"技术创新"47例

苏义脑躺在床上休息，但头脑还在思考，他意识到这样的点绝非一个，而是可能有无穷多，于是把问题归结为"求满足第三项等于0的点的轨迹，亦即通过该点的两个速度矢量相互正交的所有点的集合"。正面用解析法久攻不下，突然灵机一动，用几何法！很显然，质心和瞬心都在这个轨迹上，那么，根据"半圆上的圆周角是直角"这一定理，凡是在以质心和瞬心的连线为直径的圆周上的所有点不是都满足使第三项为0的条件吗？接着进行验证，那个同学所"错用"的圆心，就在这个圆上！到此，这个问题算是解决了，苏义脑又把它正面表述为："质点系的动能，对于在以质心和瞬心的连线为直径的圆周上的所有点，均可以表达为两项和的形式，即由其为参考点的平动动能加转动动能之和。"换言之，两项和形式绝非只有柯尼西定理一例，这样的参考点组成了一个圆。由于是从柯尼西定理的讨论引发的，所以苏义脑把这个结论命名为"柯尼西定理的推广或推论"。第二天苏义脑去请教任课教师，问他这个结论对不对，老师一听，说我不知道，没见过。"文革"后的1977年，苏义脑把这个问题整理成一篇文章寄到中科院力学所，专家评审后给他回信，说："作者的贡献在于发现了它们的轨迹是一个圆。"这个例子讲了这么多，想说明什么问题？就是想说明：当遇到一个比较麻烦的问题时，绝不能简单地、轻易地下结论，包括教科书上写的和老师说的，不能草率、盲从、人云亦云，而是要仔细思考、认真研究、追根溯源，直到得出正确的结论。

【例26】读厚、读薄是正道：华罗庚，郑板桥画竹诗，车床加工杆件的 μ 值问题，导向钻具造斜率经验公式，费米

华罗庚先生说过：读书要先把书读厚，再把书读薄。什么叫"读厚"？就是当学习一门课或读一本书时，为了学好学透，还要看很多参考资料，就像苏义脑为了解决对数螺线斗柄问题做50页的笔记一样；但也不是说读得越多越好，要升华到新的层面和高度，必须把这个东西提炼浓缩成几条出来，一定要掌握本质，复杂的东西可能就归结为几句话，几个公式，做到提纲挈领，举一反三，把握来龙去脉，这就叫把书"读薄"。郑板桥画竹诗的名句"冗繁删尽留清瘦"，就是指撇开表面掌握本质，本质的东西绝对不是长篇大论的。在这里讲一个苏义脑上大学做《材料力学》的"压杆稳定"习题引发出来的问题：在车床上车一个细长杆，一端装在卡盘里（视为嵌入端），另一端用顶尖顶上（视为铰支），为减小颤动，做一个随车刀移动的托架来增加刚性，这是受有纵横弯曲载荷的压杆稳定问题，要求出当托架位于某一位置时的压杆折减系数 μ 值。这个习题按正规方法要建立和求解微分方程，熟练的话要 40 多分钟。苏义脑做完了以后就没在意，结果班里很多同学做不下来，要求老师不要讲新课而增加一堂习题课，于是老师就在黑板上详细求解足足讲了 50 分钟。苏义脑就想：我们在校的大学生正在学这个内容，要解这个习题都这么费劲，如果毕业到工厂多年后，可能数学也忘了，力学也忘了，那时候该怎么办？能不能想一个简单的方法，一下子能解答出来的办法？于是老师在上面讲了 50 分钟，苏义脑在下面想了 50 分钟，下课了，方法也想到了，只需利用加减乘除即可求得结果，和用微分方程求解结果仅相差 1% 左右。这个方法最关键的是首先进行"结构转化"，这是首要环节。但道理何在？构思时没有想明白。接着是吃午饭，一边吃一边想，突然顿悟，实际上用的是"插入法"！关于插入法，苏义脑过去在自己买的《工程数学》书上看过，也理解，但为什么没有在解这个题目之前，已经不自觉地应用了插入法的思想但未能主动地明确用插入法来求解呢？苏义脑觉得这就是差距，决定将来有机会一定得读研究生。所以后来有机会他就考了研究生。

再讲一个八五水平井钻井项目攻关中的例子。1991 年 4 月，苏义脑带着几位同事到大庆油田去做弯壳体螺杆钻具现场试验。这种弯壳体导向螺杆钻具，是八五攻关一开始苏义脑主持研制的，填补国内空白，准备 8 月份在大庆树平 1 井中实际应用，需要先在大庆做一下工具性能的预实验，最重要的是验证造斜率值。从 4 月到 5 月，在大庆用这套工具钻了 2 口定向井，掌握了大量实际数据，实际造斜率和原来的

第三部分 苏义脑院士"32字创新方法口诀"和"技术创新"47例

理论预测比较接近。其理论预测值是通过钻具组合的受力变形分析和预测方法，用专门编制的计算机程序算出来的。苏义脑根据现场实验结果，针对已经确定了的钻具结构，以弯角为变化参数，构造了2个计算造斜率的经验公式，只需心算就能得出结果。事后证明，这种公式对指导现场施工非常方便有效。因为现场在施工过程中，情况经常变化，需要迅速做出决策，这时候再用计算机去算，那黄花菜还不早就凉了！如果这时候计算机出了故障怎么办？停电了怎么办？如果还要依赖计算机去算，这就说明没有把握到它的精髓。把复杂的电算归结为两个经验公式，就是"由厚变薄"的过程，由复杂变简单的过程。越复杂的事物，其表现形式可能越简单，越复杂的机器和仪器其直接操作也应该越简单，否则就不应该是它的最终结果，就还有研究的余地。对于这种理念，苏义脑是有意识进行自我培养的。苏义脑的老师曾说过"工程师的眼睛要带着尺子"，就是当看到一个东西时，它有多大，要目测估计个八九不离十，这是数值观念的培养。例如，看见一个打火机，估计长度是八厘米左右，随即拿尺子一量，8.1厘米；要养成这个习惯，譬如对自己的步长，苏义脑上高中的时候就统计过，0.7194米，当需要估算一个地面距离时，只需要简单走一走，基本的距离就能够掌握住。这也属于工程素质和科学素质的培养。20世纪40年代，美国原子物理科学家费米，是美国第一个原子弹的研究人员，"曼哈顿工程"的主要贡献者。当初包括费米在内的一批科学家在做原子弹爆炸实验，很多科学家都极力想知道这个试验弹的威力到底有多大，是否达到设计，但相隔距离很远，除了事后用仪器测量，当时他们都没有办法，唯独费米从兜里掏出一张纸，扯碎，有风过来了，他扬手一撒，纸屑随风飘去，他看着表，看着飘到多远的距离用了多长时间，接着就把速度算出来。风速这个参数很关键，由此可以快速估算冲击波的速度和推算爆炸力有多大。单从这一点看，费米很高明，比其他那些科学家有高明之处，他不仅是大科学家，还是了不起的工程师。

【例 27】 "先入为主"要不得：双弯 / 三弯对单弯的等效问题

  1990 年在向国家申请八五重点科技攻关项目"石油水平井钻井成套技术研究"立项时，中国石油天然气总公司在大港油田举办"水平井钻井技术学习班"，请外国专家讲课，其中美国克里斯坦森公司的专家讲弯壳体螺杆钻具。因为钻水平井要求较高的造斜率，相应的工具有多种类型：单弯，反向双弯，还有一种同向双弯即 FAB。外国专家认为，如果单弯钻具达不到要求的高造斜率，可以用同向双弯甚至三弯，即在螺杆钻具的上方加配弯接头，即可进一步提高造斜能力。那时国内钻井界对弯壳体导向螺杆钻具知之甚少，可以说几乎所有的人都接受了外国专家的这个观点，甚至包括苏义脑在内。因为此前国内研究螺杆钻具受力变形的只有苏义脑一人，进一步研制弯螺杆钻具的更只有他一个，1986 年苏义脑开始设计弯螺杆钻具，1987 年初完成制造随后赴辽河油田做现场实验，但由于一些领导和技术人员对这种新工具缺乏认识和了解，认为工具带弯，不让下井。三年后的现在，要打水平井了，国外的弯壳体螺杆钻具都下井了，这才打破了很多人守旧的观念，对其机理和特性的认识更是全盘接受。由于弯角值显著影响造斜率，弯角越大造斜率越高，受此影响苏义脑也认为 FAB 造斜率高于单弯。后来通过科研实践才知道这个结论不一定正确。全国性的八五水平井钻井技术攻关，要在 6 个油田、11 种岩性储层内钻一批各类水平井，需要一大批弯壳体螺杆钻具，要从国外引进的话，每台至少 8 万美元以上，肯定是买不起的，于是苏义脑奉命研制，带领课题组共完成了 4 个系列多种结构形式的弯壳体螺杆钻具的设计与产品，满足了攻关需要，其中就包括 FAB 这种类型。1994 年 3 月，大庆油田准备要钻第二口水平井茂平 1 井，苏义脑在轨道控制方案中把单弯钻井作为主打工具，同时把在单弯钻具上方加配弯接头可形成的 FAB 即同向双弯作为进一步提高造斜率的备份工具。苏义脑安排课题组计算核实一下 FAB 的造斜率，一经计算发现了问题：用"纵横弯曲法"程序计算发现其造斜率并不高于单弯，当时怀疑程序有问题，于是又用

"有限元法"程序验算，结果相近，这一下问题变得复杂起来，对这个结果将信将疑，因为按传统的观念无法解释，只好等着现场验证。后来现场应用结果与原来的计算相符，难以解释。在此后的近一年中，苏义脑注意收集有关FAB应用的情况，结果是和单弯相比，有高有低，有的持平，莫衷一是，陷入困惑。1996年，八五攻关结束的一年之后，苏义脑终于从理论上解开了这个长期压在心上挥之不去的难题，转机在于找到了一个方法，而且是一个不限于双弯且适合于多个弯角、正负弯角的通用方法，推出了通用公式，从而不仅从理论上给上述疑难做出了正确解释，而且给出了正确的设计方法；再一点是从概念上进一步明确了"造斜率"和"造斜力"二者的区别和联系，澄清了外国专家不明确或不正确的结论。讲这个例子是想告诉大家，先入为主的观念要不得，它会对科研思路构成干扰，做研究的人尤其要注意克服这种干扰。

【例28】 学科交叉出大局：井眼轨道制导的提出（三个类比）

当今科技发展处在学科林立、知识爆炸的时代，很多重要的突破和发展出现在不同学科的结合部，知识综合和"学科交叉出大局"已成为一个突出的特征。考察科学技术的发展史不难明白，学科的不断细化与创新是进步的体现，是在一定发展阶段的产物。但客观世界是一个整体，不同学科的设立与形成是人们认识的积累与人为的划分，是分析法的结果，是深入聚焦式研究的结果，这是好的一面；但还有另外一面，那就是把客观世界这一个整体割裂成支离破碎、互相封闭的独立领域，在这些领域之间留下不少空白区，不同专业的人只在自己的圈子里活动，不敢越雷池半步，老死不相往来。这其实是阻碍了科技的进一步发展。如果有胆大的人敢于突破这种桎梏，利用相邻两个专业的知识在其结合部进行耕耘，那就有很大的成功的可能性。已经有很多成功的范例。我国在博士后制度中就特别鼓励进行学科交叉。《三国演义》开篇说道："话说天下大势，合久必分，分久必合。"

将其用于科技发展的思考,也是金玉良言。正如前述,苏义脑运用三个角度类比的方法提出井眼轨道制导控制的思路并开拓井下控制工程学新领域,正是上天和入地两大技术学科交叉的结果。

【例29】 否定假设严论证:BS-DHM 的3点扩展,2种弯角处理方法与等效论证

有关内容已在前面的[例12]和[例20]中讲了,不再重复。只是想强调一点:在发展一个理论、技术时,否定其理论或模型的某个前提假设及技术的应用限制条件,往往是直接的切入点,就像前面所说的"分层否定"那样。但是,这种否定和新观点的提出,一定要经过自己严密的思考和论证,否则就会引出荒唐的结果,务必充分注意。

【例30】 敢于建立新概念:中空螺杆的临界排量问题,井下控制的几个基本概念

1993年苏义脑在研究中空螺杆钻具时,指导一个硕士生做这方面的课题,设计稳流阀,最终形成了带稳流阀的新型中空螺杆钻具这一新技术。当苏义脑给学生审查这篇毕业论文时,发现了一个新问题,以前没有考虑过。由于中空转子的旁路分流,通过马达的排量减少从而转速下降,钻压越大,马达压降越大,中孔分流越多,马达转速越低。由于马达副存在机械摩擦,当排量小于某一给定值时,会全部从中孔流出,马达就会停转。这对正常的螺杆钻具是根本不存在的现象。应该对中孔钻具的这个特性再做进一步的研究,此事提醒苏义脑需要建立一个新概念"临界排量",并确定它的值。于是苏义脑就让这个研究生继续加深研究,从理论上求出临界排量是多少,针对不同工况做出一条曲线,给产品提供性能依据。再一个例子是建立井下控制工程学时,也遇到不少要建立新概念和提出新定义的工作。1988年苏义脑致力开拓"井眼轨道制导控制理论与技术研究"的新领域,把工程

第三部分　苏义脑院士"32字创新方法口诀"和"技术创新"47例

控制论和自动控制引入钻井工程，但这种引入主要限于思路或概念性引入，原封不动一律照搬是绝对不行的，要针对钻井的具体情况，除了对号入座外，还要针对其特殊性，适时提出一些新定义和新概念。比如要首先研究确定井下控制系统的性质属于哪一类系统，在这里，控制对象、控制目标、控制量、操作量，还有干扰量具体指的是什么。这些都是最初的入门性、奠基性工作，接下来随着研究的深入，不断提出一些新的定义和概念，还有一些新方法。经过他带领的研究团队历时20余年来的不断开拓，"井下控制工程学"现在已经被列为石油天然气工程这个学位教育的二级学科了。需要说明，新概念和新定义的提出，要有严肃的科学态度，要有真正的学术内涵和需求，不要变成炒作概念，用乱起名字来代替学术创新。

【例31】 正确预见定决策：地质导向的正确立项，两个判断三点分析一个结论

很多同志都认为地质导向是于1999年决策立项，实际上立项设想至少可以追溯到1995年之前。1996年，钟树德局长到勘探院钻井所搞调研，希望能提一个大项目，汇报时苏义脑提出应该干地质导向，得到钟局长的肯定和支持。1997年4月，苏义脑在CNPC钻井科研院所长会议再次作了"地质导向钻井"报告，但随后搁置两年。1999年再次提出"地质导向"立项时面临一个选择，即"地质导向系统""旋转导向系统"和"随钻测井系统（LWD）"这三个只允许选报一项（也可能一项也不让立）。到底选哪个？苏义脑提出应该首选"地质导向"，依据是"两个判断、三点分析和一个结论"。他的第一个判断是"中国的水平井在未来几年中会有大的发展"。当时的背景是水平井不被看好，从1990年到1995年的八五水平井钻井技术攻关期间，全国共完成各类水平井62口，技术效果和经济效益都很显著，但由于在采油方面的技术配套还未完善，所以油田开发方面对水平井的认识还不一致，甚至颇有微词，以至于推广受到很大影响，此后3年中，新钻的

水平井大约不超过 40 口，处于徘徊时期。苏义脑是水平井项目的主要攻关人员之一，他深知水平井的作用和价值，特别是东部薄油层水平井将是提高单井产量和采收率，进而稳产上产的重要技术手段。实际情况如何呢？2005 年中国石油天然气集团公司领导把水平井定位成"转变经济增长方式的重大技术"，并把 2006 年定为"水平井年"，2006 年全中国石油天然气集团公司钻成水平井 522 口，2007 年为 806 口，2008 年为 1005 口；2008 年全国陆上共完成 1653 口水平井。当然这是后话，事情的发展证明了当初的第一个判断是正确的。紧接着第一点分析是：水平井特别是薄油层水平井需要地质导向工具，旋转导向工具的主要用途是钻大位移井，而大位移井多用于海洋平台钻井及海油陆探和海油陆采，对于中石油这样的公司，在相当一段时期内大位移井不会成为主流技术，无法和水平井相提并论，所以二者相比，当前应选地质导向。他的第二个判断是"带有近钻头测量功能的地质导向系统产品，国外公司 10 年内不会出售"。当时只有斯伦贝谢公司和贝克休斯公司两家拥有近钻头地质导向产品，实行高度技术垄断，只提供高价技术服务而拒不出售产品，国内某油田曾和外商谈过出价 2000 多万美元购买 1 套遭到拒绝。而关于 LWD 即随钻测井系统，1997 年中石油北京地质录井公司已从美国的哈里伯顿公司买回 1 套，价格折合人民币 8818 万元。当时如果我们立项搞 LWD，假设用 8 年研发出来，搞出来的东西是人家 10 年前就卖给你的技术，还不用说这 8 年人家又有进步；而如果搞地质导向，8 年后研制成功的仍然是人家垄断不卖的东西，意义孰轻孰重，不言自明。这是第二点分析，对比结果当然是选地质导向。实际情况如何呢？至今 10 年过去了，地质导向系统仍然是外商的垄断产品，不同的是我们已经独立自主研发成功并已实现了产业化。还有第三点分析：因为搞钻井的要求是工具系统要有测量、传输和控制导向功能，目标是薄油层，要求是钻头要进得去，参数要测得出，信号要传上来，工具要有很强的导向能力。这些正是地质导向系统的优点，而 LWD 只是一个测量系统，本身不具备导向工具，更不用说高导向能力，进不了储层又何谈测量呢？！经此分析，首选仍是地质导向。此外当时还谈到一点，即从团队素质分析，因为苏义脑的团队长期从事钻井科研，无论是从工艺、工具、仪器、软件方面来看，都有明显优势，攻下地质导向钻井系统这个难关有一定把握。综合上述的两个判断和三点分析，自然就引出一个结论，那就是应把"地质导向"的立项作为首选。按照国家科技项目立项的八字原则"需要，可行，先进，效益"，从"需要"和"效益"来看，当时水平井超过大位移井，地质导向超过旋转导向；从"先进"来看，地质导向优于LWD；从"可行"来看，地质导向也优于LWD和旋转导向，因此，得出这个结论是必然的。可见正确的预见对于科研立项十分重要。

【例 32】 深入探求有收获：地层倾角方程，反钟摆钻具

1991年前后，随着西部勘探开发力度加大，山前高陡构造的严重井斜问题十分突出，常规防斜、纠斜方法如满眼钻具、钟摆钻具等效果很差，急需要研究新技术加以解决，要研究新的钻具组合。钟摆钻具是靠吊打即减小钻压产生的钟摆降斜力来纠斜，但同时钻速降低，也就是说是靠牺牲钻速来减小井斜，用降低效益来换取井身质量。这几乎成了钻井界的常识和定律。但即便如此，在西部往往也不能奏效。于是提出一个问题，能否有新的技术，既能打得直又能打得快，把质量和效益统一起来，把"防斜打直"变成"防斜打快"？虽然只有一字之差，但本质完全不同，是一个很大的挑战。当时就想能不能通过设计新的钻具组合找到解决问题的办法。首先应从理论分析入手，目标是追求较大的钻头降斜力，即负的造斜力。苏义脑反复分析钻头造斜力计算公式，干脆把它写到台历上，一连几天看着它愣神儿，可谓冥思苦想。从公式上看，想做到这一点是不可能的，因为钻头造斜力随钻压的增大而增大，苏义脑不怀疑公式的正确性，因为这个公式就是他自己推导的，是经过实践反复检验的。公式中的第一项是钻压 p_B 乘以间隙 e_1 再除以长度 L_1，苏义脑想要是能把第一项变成负值就好了，这样钻压越大，负值的绝对值越大，降斜力不就越大吗？但钻压和长度只能取正值，间隙 e_1 也是正的，怎么办？忽然灵机一动，要是能把

间隙 e_1 变成负值就好了！苏义脑想起了在推导这个公式的时候有一个假设，下稳定器靠到下井壁时规定 e_1 取正，靠上井壁规定 e_1 取负，这就有办法了！下面的工作就是要通过巧妙合理地组合设计，保证把稳定器推向上井壁。于是经过努力，实现了这个想法，产生的新组合和常规的钟摆组合有 4 个方面相反的特征：钟摆组合的下稳定器靠在下井壁、第一跨挠度向下、钻头倾角向上（增斜）、加大钻压增斜，而新组合是下稳定器靠上井壁、第一跨挠度向上、钻头倾角向下（降斜）、加大钻压降斜，全是反着来的，所以苏义脑把它命名为"反钟摆组合"。后来在油田实验证明有好的效果，形成一项新技术并获得发明专利。这是从方程本身经深入分析找到新理念，从理论上找到突破口，是对原有理论的一次重新认识和发展。

【例 33】 敢于提出新方法：Kc 法，铰接马达模型

在科研中要"敢于提出新方法"，这是一个科研人员必备的素质。下面讲两个实例，其一是苏义脑提出的预测钻具组合造斜率的"极限曲率法"，又称 Kc 法。过去国内外预测工具造斜率有多种方法，如钻头轴线法、平衡曲率法、力—位移模型法等。苏义脑在七五攻关中提出了井眼轨道预测的"力—位移模型"法，在八五攻关中结合弯壳体工具，又提出一个新方法即 Kc 法，这个方法无论是从理论上还是实践上都要优于国外流行的"三点定圆"法和"双半径"法。下面讲一下"铰接马达模型"这个例子。在八五水平井钻井技术攻关中，苏义脑担任专题组长，任务之一是研制钻短半径水平井的特殊工具，即铰接肘链式短半径水平井螺杆钻具。苏义脑带着一名研究生建立力学分析模型，进行总体设计，难点在于要能保证工具具有很高的造斜率。下面有一个子课题组，由机械所的几名科研人员承担工具的结构研制。经过几年努力，样机研制成功，填补国内空白。苏义脑提出的力学模型和预测铰接肘链式螺杆钻具造斜率的新公式，指导了工具设计，把美国的 Warren 公式变成了特例，国外的这个公式仅考虑了一个因素，而我们

考虑的因素比他多，更切合实际。样机经下井实验，达到3.79°／米的造斜率，与设计值很接近，这一指标至今还是国内短半径水平井的最高造斜率。

【例34】 诸般兵器皆为用：ϕ 函数与接触图/镜像法，圆珠笔模拟，薄膜/沙堆比拟

"诸般兵器皆为用"是指当遇到要解决的问题时，凡是学过的东西，不管是物理的、化学的、数学的、力学的、机械的、钻井的，甚至是生活中的经验和常识，都是武器和工具，只要能用都可以用。以下讲几个实例：其一，苏义脑在研究螺杆钻具的线型理论时，提出了一个称作"ϕ 函数"的新概念，就是动圆沿基圆滚动的"滚角函数"，以此作为数学工具，顺利地解决了短幅摆线线型分析中的一系列难题，并导出了很多计算公式。短幅摆线线型的密封性证明非常难，解析法求解不了，苏义脑又提出了"接触图"，用图论的方法给出了密封性的直观的几何显示，这个接触图把短幅摆线线型的几乎所有关键问题揭示在一张图上，可以求解7个方面的问题和对参数定量化，反过来又验证了原先用解析法所得公式的正确性。1982年硕士论文答辩时，一位专教《机械原理》的教授如是评价："提出的接触图是解决复杂密封性问题的新方法。"具体内容可以去看苏义脑写的那本书《螺杆钻具理论研究与应用》。其二，讲"镜像法"。过去苏义脑和研究生交谈时说过，生活当中有很多科学的道理，人的直感、经验中有很多的科学道理，搞科研有时候往往是要靠灵感、靠直感，而直感是靠积累、靠培养的。譬如说现在给你100块砖，要靠墙围一个矩形做猪圈，问怎么垒这个猪圈面积最大。有的学生说建立函数然后求极值，当然可以，但实际上不需要，杀鸡焉用牛刀，拍脑袋就能知道——正面摆50块，两边各摆25块，这样面积就最大。为什么呢？这个思路是：把墙当成一面镜子，摆一个三边的框形，在镜中就可得到一个周长是200块砖长的四边形，众所周知，周长一定的四边形以正方形面积为最大，

那么墙外部分即正方形的一半，不也是面积最大吗？这就是"镜像法"。这种貌似简单但效果奇特的事，科技史上有不少例子，如力学上的薄膜比拟、沙堆比拟等。苏义脑在井下控制工具研究中提出的"圆珠笔模拟"，对认识和设计井下工具，具有启发作用。

【例 35】 尝试特殊摸经验，立足一般用演绎：短幅摆线线型研究，普通摆线线型 / 控制链（变径稳定器）

1981 年苏义脑研究螺杆马达线型理论时，普通摆线线型已经解决，目标是攻下短幅摆线线型，它具有广义性，普通摆线线型是短幅摆线线型在幅长系数等于 1 时的特例。多了一个参数的影响，问题变得很复杂。为了取得研究经验，苏义脑从特例入手，首先深刻认识普通摆线线型，搞得滚瓜烂熟；接着，选最常用的 3 头短幅内摆线，研究其生成方法，定下基本的参数，做一个纸样板，用圆规扎着纸样板在纸面上滚动，以此增加感性认识。然后对特例结果做进一步的研究，分析和提取尽量多的信息，这样对广义的求解就有了扎实的基础。接下来求出了广义的公式，就代入以前熟知的特例参数，以演绎出特例结果，进行验证。苏义脑在"井下控制工程学"中提出的一个"控制链"概念，对于井下控制系统设计起到了指导作用。一个系统可以归结为一条控制链，它可由多个环节首尾相连构成，前一节的输出就是本节的输入，每一节都对应着一个机构，有相应的结构和特性，用控制信号和信息参数的传递贯穿整个控制链，每改动一个或几个环节就可以改变结构与特性，就可能对应一种新的方案。变径稳定器的控制链就很有代表性，也常用来作为分析和教学的案例。

【例 36】 宏观把握出思路：$F=F_1-F_2$（电磁阀钻眼问题），力—位移模型

在地质导向项目启动时，关于正脉冲发生器的研制，准备了两条

第三部分 苏义脑院士"32字创新方法口诀"和"技术创新"47例

技术路线：首先是向哈里伯顿公司购买，以缩短攻关周期，因为课题组的组成单位之一是中石油北京地质录井公司，他们是哈里伯顿公司LWD的用户，按合同规定可以买到；第二条技术路线是在攻关的中后期组织人力自己研制。但是课题启动不久，外国人就探知中国人在搞地质导向攻关的情报，紧接着就卡脖子，不卖给我们脉冲发生器，撕毁已经付款的合同，逼得我们提前启动第二条技术路线，自己独立研制。在接下来的技术攻关中，突出的一个难关是电磁阀材料，先后试验过几种材料，总是吸合力不足。苏义脑和张海教授商量，能不能在当前的材料不变和电磁阀基本结构不变的情况下，来考虑解决方案。苏义脑提出了一个基本关系式：$F=F_1-F_2$，其中F_1是阀的电磁吸合力，因材料、结构不变，所以它是定值；F_2是排油的阻力，F是宏观表现出来的纯吸合力。我们的目标是F越大越好，那么在F_1不变的条件下就只能想办法减小排油阻力F_2。办法就是在阀的底部合适位置钻几个泄油的小孔，帮助泄油以减小阻力。方案实施后果然得到改善。此例说明从宏观上把握而不是限于局部不能自拔，就可以找到思路和办法。

【例37】本质需求定发展：钻井"优质、快速、安全、环保"，技术创新皆由此出

钻井技术将来怎么发展，应该怎么去把握，苏义脑认为这是要思考的大事。任何技术发展都是由本质的需求决定的。什么才是钻井工程的本质需求？分两个层次分析：第一，任何工程的本质需求可归结为八个字"安全、优质、效益、环保"，只要在这四方面中的任一方面做出改进就是创新，每一个方面都是发展之处。第二，钻井也是工程，它应满足上述"八字方针"，具体而言，可以归纳成六个"更"字，即：更深、更快、更便宜、更清洁、更安全、更聪明。

【例38】 分清主次莫盲从：引进"螺杆—涡轮"钻具问题

1991年国内钻井界曾经有少数专家，很推崇前苏联的"螺杆—涡轮"钻具，他们希望用这个办法来降低涡轮钻具的转速。当然这个方法确实是有效的。于是邀请俄罗斯专家到中国讲学，然后向总公司写报告要求引进这种钻具。苏义脑参加了那次讲学和交流，但他觉得不应该去引进，因为这种引进没弄清国情。前苏联是涡轮钻具占80%以上的国家，他们需要降低涡轮钻具的转速，而我们国家几乎很少有涡轮钻具，重点是螺杆钻具，所以用这个引进来解决降低涡轮转速意义不大。引进的另一个理由是螺杆钻具因有橡胶在深井钻井中受限，所以需要涡轮钻具，但问题是这种"螺杆—涡轮"仍然存在螺杆，岂非自相矛盾？后来苏义脑在一篇报告中谈了这个观点，之所以会有这种做法，实际上是缺乏深入研究，没有结合国情，没有分清主次。

【例39】 细研机理定特性：螺杆—涡轮的串联问题

"螺杆—涡轮"钻具，就是在涡轮钻具的上方接一个螺杆钻具，即螺杆—涡轮的串联问题。涡轮和螺杆串联后的确可以大大降低涡轮的转速，但是原理何在，降低后的转速是多少，整个钻具的特性如何，都要进行理论分析，不仅定性，而且要定量，科技成果只有达到定量化，才能说是完善的。随后苏义脑做了这方面的详细研究，定量地解决了上述问题，研究结果写成"井下动力钻具串联组合及串联机理分析"一文，发表在《石油机械》1994年第5期上。

【例40】 采用变频找共振：共振解卡器

1993年苏义脑带的博士生设计了一台共振解卡器，想用钻柱的共振来解卡，问题的关键之一是要准确地确定钻柱的共振频率。进行了钻柱振动的理论分析，但实际情况往往和理论分析结果相差很大，例

第三部分 苏义脑院士"32字创新方法口诀"和"技术创新"47例

如美国一篇文献谈到卡点在 1000 米时,算出来的钻具振动频率是 11 赫兹,而实测的频率只有 2 赫兹,问题就出在井液流体的阻尼无法精确考虑,还有钻柱的模型简化与实际有差距。这就说明要解决工程问题不能单纯靠理论分析,而是要理论分析再加上技术手段。于是就用变频器调整井口处电动机的转速,直到产生共振为止,简单而且准确。这也是一个思路问题,解决工程问题不能太依赖书本,不能钻牛角尖,有时候技术手段往往可以起到很好的作用和效果。

【例 41】 莫因习惯忘关键:牙膏、圆珠笔

某公司经营牙膏,在市场上占有率也较高,但几经努力,销量很难提升。于是公司老总召开营销会议,决定悬赏 10 万元,征求对策,结果是一个清洁女工提出来"把牙膏的出口增大 1 毫米不就行了吗!"此举让牙膏销量一下子提高近三成,而搞营销的人却没有想到这一招,因为他们太习惯和固守于自己的知识了,没有从另外的角度考虑问题。关于圆珠笔芯的例子是这样:圆珠笔刚发明投放市场时,很受欢迎,但后来发现笔芯内的油墨还没用完时,笔尖的圆珠就磨损漏水,大大影响销量。公司厂家组织技术人员攻关,对笔尖结构、圆珠材料进行改进,但收效甚微,结果是一个销售人员(据说后来成为大企业家)提出缩短笔芯长度和装墨水量,这样当墨水用完时笔尖还未磨坏,绕过难关解决了问题。这两个例子讲的都是"外行"靠金点子,一语惊醒梦中人,但也反映出专业人员在某种情况下,因惯性思维起作用却容易忽略这些"奇招",不能打破这种惯性思维,去从全系统的其他角度来寻找解决问题的思路。

【例 42】 大胆猜想开新局:血型问题

"大胆猜想开新局",这个例子说的是苏义脑前些年"研究血型"的事。研究钻井的人去"研究血型"?听起来有点儿荒诞,但的确是真

事儿。以前苏义脑对"血型问题"很感兴趣，但是没看过资料，也不知道父母的血型与孩子的血型究竟有何关系。前些年的一个星期天下午，他在家里看电视，科技频道正在播出一个真实的故事：某地有两个大学生出生时在产房里被抱错了，结果19年后上大学，体检时医生发现他的血型和父母的血型对不上，几经周折最后才水落石出。节目的核心是进行科普，给出了一张表，按O、A、B、AB四种血型，父、母各自的血型进行多种组合，然后列出子女可能的几种血型，违者即错。苏义脑非常感兴趣，他马上用录像机给录了下来，心想能否找到一个办法，不用死记硬背，直接可以写出结果？终于找到了一个好办法，可以像写化学反应方程式一样顺手写出结果，百分之百正确。这个办法的前提在于提出了一个假说，当天晚上他就继续做这个"不务正业"的研究，并假设开天辟地时就有O、A、B、AB四种血型，等概分布，在几个假设的基础上建立模型，向下做递推计算，经多次递推后这四种血型的比例分布与专业资料查到的实际分布比例基本接近。当然苏义脑做的是"假说"，是"猜想"，不知道医学中是否有这个假说或者定律，但结果肯定正确无疑。这引发了他进一步的思考，就是在这个假设或猜想的背后可能有更深的科学含义，还想有机会找有关专家请教。

【例43】 突破难关用灵感：α 自动控制器

1990年中国石油天然气总公司提出要多钻水平井，当时国际上钻几米厚度的薄储层的水平井要用 MWD 进行控制，价格昂贵，还要聘请国外专业公司进行技术服务。大庆等东部主力油区储层薄，非均质严重，能否在 1～2 米厚的薄油层内钻水平井，这个要求在当时是很高的。苏义脑是八五攻关"水平井井眼轨道控制"专题组长，他提出了这个任务：能不能想一个办法，设计一个自动控制的工具而不用 MWD，它钻进储层后可以自动调整轨迹，而不会钻出油层。于是苏义脑就冥思苦想，大概构思了几天也没有突破，晚上躺在床上睡不着，夜里两三点钟时突然来了灵感，马上爬起来把它记下来，第二天就画草图，经过几天不断完善，终于搞出来一个发明专利"自动井斜角控制器"，这是苏义脑在井下控制领域的第一个发明。它是采用机液联合控制的办法，没用电子技术，为的是降低成本。

【例44】 布局皆由需求来：井下控制工程学的学科分解

井下控制工程学共有4个部分构成：理论基础部分、技术基础部分、产品开发部分、实验室建设和实验方法部分。有一套完整的思路，理论基础部分是井下系统动力学和可控信号的分析研究；技术基础部分是井下控制机构与系统的设计学，以及信息测量与传输这方面的内容；产品开发包括现在的地质导向系统、自动垂直钻井系统等多种高端技术，应该都属于这里的练习题，是案例；实验室建设和实验方法是为这几个部分服务的，因为很多的钻井工程问题，尤其是和流体相关的东西在理论上想把它算清楚，实际上是算不清楚的。学过流体力学的都知道，方程很漂亮，用的数学也很高深，但最后来一个系数，说这个系数要靠实验解决，这就让人大煞风景。因为流体问题很复杂，而且目前还离不开实验，所以搞井下工程研究，实验室的建设非常重要，要以实验为依托。

【例45】 万事同理一点通：双键马桶节水问题，汽车雷达

现在宾馆里有很多抽水马桶都是双键的，节水，但在多年以前譬如1990年前后就很少。那时候苏义脑曾产生过一个想法：抽水马桶太费水了，不管是冲大便还是小便用的水都是一样，一个按钮或开关，一按"哗"的一声大水冲下去，这不是太浪费了吗？能不能搞一个发明来解决这个节水问题，提出来应该"设两个按钮，分别对应大、小水量"，勾画过草图，但后来一忙就没有再去关心这个事儿，作为一个想法扔在那儿了。现在不论是宾馆还是居家，双水式马桶已很普及了，

虽然苏义脑没有把它做出来，但问题的提法应该说还是对的。那时苏义脑家在 21 楼住，厕所里有一个大水箱，容量很大，尽管那时候用水不掏钱或每月收几毛钱而不限用量，但毕竟是水资源，不能浪费，所以苏义脑就搬了个凳子上去想把那个浮子调一调，可是调不了，生锈了，于是只好在水箱里搁了两块砖头，占了空间，结果这个水量也够用，这叫"土办法创新"。像这种问题，生活中会有很多，任何地方都会有要创新的问题，都可能会使我们去想一些问题，能正确地提出问题，本身就具有创新的意义，因为创新就是要合理地正确地去改变现状，但要改变现状首先是能够发现问题和正确地提出问题，然后把它归结为技术问题。再说一个相似的例子，汽车雷达。1985 年苏义脑读博士期间，有一次看到一辆汽车撞墙了，当时就想能不能搞一个汽车上的控制系统，当前方有障碍物且有一定的距离时，自动控制系统就动作，产生制动，或者减速，至少能给司机报警。当时没见过国内的汽车上有这样的系统，也没听说过这个东西，只是那么一想。等到过了七八年，俄罗斯研究出来了这样的系统，现在汽车雷达用得就比较多了，但多是倒车雷达。这说明万事同理，科技研究中思路是相通的。

【例 46】 隔行隔山不隔理：地震云，里氏震级公式

俗话说"隔行如隔山"，但还有一句话，叫"隔山不隔理"，在这里讲一个观察"地震云"的例子。大约是在 2000 年前后，苏义脑在书店买到一本关于介绍世界未解之谜的书，其中有两页谈到地震，还谈到日本一位名人观察"地震云"来预报地震。后来他去文莱参加石油工程的国际会议，带着这本书，晚上在宾馆里读过，对地震云一事很感兴趣。回国时从新加坡直飞北京，在飞机左侧舷窗真看到了类似书上描写的那种云带，疑似"地震云"。回来后苏义脑对爱人讲了此事，谁知等过了一天电视新闻报道说伊朗发生了八级地震，方位和他在飞机上观察的相符。新疆喀什地震前苏义脑也曾看见过地震云，方位也较接近。有一次去三亚，在飞机上也曾看到过地震云，在飞机的东南方，

第三部分 苏义脑院士"32字创新方法口诀"和"技术创新"47例

在三亚期间新闻联播报道印尼发生强烈地震。"5.12"大地震,引发了苏义脑对里氏震级的兴趣,过去一直没看过这方面的书籍,这次根据报纸上提到的几个数据,试着建立了一个计算公式,能解释有关的数据,后来专门上网查了一下,和里氏震级公式是相同的,只不过苏义脑用的是指数形式,而标准公式用的是对数形式,把苏义脑推出的公式取对数后,就得到标准公式。此例表明即使专业不同,但科学研究的思路是相通的,由此也说明培养正确的科研思路和方法的重要性。

【例 47】 困惑前面有突破,柳暗花明可创新:地层倾角,弹簧横向弯曲,ϕ 函数与接触图,近钻头测量

"困惑前面有突破,柳暗花明可创新",就是说在科研工作中遇到困难时,一定不要为眼前所碰到的困惑所苦恼,而要从另外一个方面去想,遇到难题会困惑,但有困惑的时候往往也是快要明白的时候,所以困惑面前有突破,柳暗花明可创新。如果大家都觉得这个事儿很简单,一般也不会遭遇困惑,那也就谈不上价值和创新。当提出一个问题,包括提出一个项目,响应者寡,无人喝彩,甚至有障碍和非议,等等,都不要为之所动。如果一个想法提出大家都拥护,那绝对不是创新,那叫常识。近钻头地质导向系统的研发想法,其实可以追溯到1991年苏义脑在大庆钻第一口水平井时,远离钻头的测量传感器导致信息滞后,给现场轨道控制带来很大难度和困惑,同时也提醒和启发苏义脑考虑今后应把传感器尽量放在钻头附近,对苏义脑来说这就是近钻头测量思路的萌芽和发源。在困难和困惑中发现需求,需求推动发展,所以从科研这个角度来说,往往是当遇到困惑,就暴露了矛盾,也就隐含了进步,如果锲而不舍抓住矛盾并想方设法去解决它,可能就会走入新的境地,就像毛主席所教导的:"往往有这种情形,胜利的到来和主动的恢复,存在于再坚持一下的努力之中。"

参考文献

[1] 马克·戴维森. 隐匿中的奇才——路德维希·冯·贝塔朗菲传[M]. 陈蓉霞, 译. 上海: 东方出版中心, 1999.

[2] 贝塔朗菲. 生命问题[M]. 吴晓江, 译. 北京: 商务印馆, 1999.

[3] 贝塔朗菲. 一般系统论[M]. 秋同等, 译. 北京: 社科文献出版社, 1987.

[4] 贝塔朗菲. 普通系统论的历史和现状 // 科学学译文集. 北京: 科学出版社, 1980.

[5] N. 维纳. 控制论[M]. 郝季仁, 译. 北京: 科学出版社, 1962.

[6] 伊·普利高津. 从混沌到有序[M]. 曾庆宏等, 译. 上海: 上海译文出社, 1987.

[7] 赫尔曼·哈肯. 协同学—大自然构成的奥秘[M]. 凌复华, 译. 上海译文出版社, 2001.

[8] 米歇尔·沃尔德罗普. 复杂性: 诞生于秩序与混沌边缘的科学[M]. 北京: 三联书店, 1998.

[9] 章士嵘. 科学发现的逻辑[M]. 北京: 人民出版社, 1986.

[10] 翁维维, 卢生芦. 科学史的启示——哲学对自然科学成果的影响例证[R]. 安徽省自然辩证法研究会, 1983年8月.

[11] 朱亚宗. 伟大的探索者——爱因斯坦[M]. 北京: 人民出版社, 1985.

[12] 唐士志, 周锦文, 方乃武等. 哲学的自然科学例证[M]. 长春: 吉林人民出版社, 1981.

[13] 孔树森等. 自然辩证法通论[M]. 北京: 中国农业科技出版社, 1992.

[14] 黄欣荣. 复杂性科学与哲学[M]. 北京: 中央编译出版社, 2007.

[15] 任志成, 张子文. 科学技术史概论[M]. 杭州: 浙江大学出版社,

2010．

[16] 孙小礼．谈科学方法的重要性——重温蔡元培先生的有关论述[OL]．学习时报网，2009-05-11．

[17] 王晖，宓文湛．科学研究方法论[M]．上海：上海财经大学出版社，2009．

[18] 宋子成．观察是科学发现的开始[N]．中国青年报，1980-4-17．

[19] 傅诚德．科学技术对石油工业的作用及发展对策[M]．北京：石油工业出版社，1999．

[20] 杨长桂，黄金南．论自然科学的实验方法//科学方法论文集[M]．武汉：湖北人民出版社，1981．

[21] 张协隆．模拟方法浅论//科学方法论文集[M]．武汉：湖北人民出版社，1981．

[22]《自然辩证法》编写组．自然辩证法[M]．人民教育出版社，1979．

[23] 张贻明，吴曼华．成功之路——漫话科学研究[M]．南宁：广西人民出版社，1981．

[24] 哈里特·朱克曼．科学界的精英—美国的诺贝尔奖金获得者[M]．北京：商务印书馆，1979．

[25] 张贻明，吴曼华．成功之路——漫话科学研究[M]．南宁：广西人民出版社，1981．

[26] 钱学森．现代科学的结构[J]．哲学研究，1982(3)．

[27] 李传龙．论想象[J]．中国社会科学，1982(1)．

[28] 宋子成．谈想象[J]．中国青年，1979(10)．

[29] 宋立军，元文玮．科学探索之路[M]．北京：新华出版社，1981．

[30] 贝弗里奇．科学研究的艺术[M]．北京：科学出版社，1979．

[31] 缪克成．观察、图示、类比[J]．百科知识，1980(9)．

[32] 陈洪．科学的沉思和沉思的科学[M]．上海：上海科学技术出版社，2008．

[33] 刘劲杨．哲学视野中的复杂性[M]．长沙：湖南科学技术出版社，2008．